INGOLF BENDER

Handbuch Offenstallhaltung

INGOLF BENDER

Handbuch
Offenstallhaltung

Planung - Stallbau - Weidenutzung

Franckh-Kosmos

Mit 13 Fotos von Elf Hurter (S. 59, 91, 103), Susanne Kronenberg (S. 58, 96), Helga Plica (S. 102), Hans-Jörg Schrenk (S. 46, 57, 95) und Wolfgang Thörner (S. 21, 24, 97) sowie 75 Zeichnungen vom Verfasser.

Umschlaggestaltung von Kaselow Design, München, unter Verwendung eines Farbfotos von Hans-Jörg Schrenk.

Die Deutsche Bibliothek –
CIP-Einheitsaufnahme

Bender, Ingolf:
Handbuch Offenstallhaltung: Planung, Stallbau, Weidenutzung/
Ingolf Bender. – Stuttgart: Franckh-Kosmos, 1992
ISBN 3-440-06311-9

© 1992, Franckh-Kosmos Verlags-GmbH & Co., Stuttgart
Alle Rechte vorbehalten
ISBN 3-440-06311-9
Lektorat: Dr. Hans-Jörg Schrenk
Herstellung: Lilo Pabel
Printed in Germany/
Imprimé en Allemagne
Satz: Steffen Hahn FotoSatzEtc., Kornwestheim
Druck und Buchbinder: Chemnitzer Verlag und Druck GmbH, Zwickau

Handbuch Offenstallhaltung

Vorwort	6
Einleitung	7
Die Biologie des Pferdes	10
Vom Wildpferd zum Hauspferd	10
Umwelt, Verhalten und Ansprüche freilebender Hauspferde	17
Rassen und ihre Unterschiede in Anatomie, Physis und Psyche	32
Die Haltung im Offenstall	36
Haltungsvoraussetzungen, Leistungsanforderungen und Konsequenzen	36
Umstellung von der Stallhaltung auf die Offenstallhaltung	40
Offenstalltypen	43
Einstreu und Hygiene	45
Kombinationshaltung Pferde/Rinder/Schafe	47
Der Offenstallbau	56
Planung, Raumprogramm und Standort	56
Pachtrecht	60
Baurecht	61
Konstruktion, Baumaterialien und Kosten	65
Bauausführung	69
Beispiele für zweckmäßige Offenstallanlagen	75
Anlage I	75
Anlage I (modifiziert)	79
Anlage II	81
Anlage III	82
Anlage IV	82
Anlage V	85
Anlage VI	86
Anlage VII	88
Anlage VIII	89
Der Auslauf	93
Der Zaunbau	98
Zaunsysteme	98
Elektrozauntechnik	104
Die Weide als natürlicher Lebensraum	110
Ökosystem Weide	110
Boden	110
Pflanzen der Weide	111
Anlage, Nutzung und Pflege	118
Wasserversorgung	122
Kompostbereitung	124
Düngung	129
Futterkonservierung	134
Die Versorgung des Pferdes im Winter	140
Nachwort	143
Anhang	144
Untersuchungsanstalten für Bodenproben	144
Giftpflanzen	145
Literaturverzeichnis	148
Register	**150**

Vorwort

Der Wunsch, gesund zu leben, ist weit verbreitet. Erfreulich ist, daß die Zahl der Pferdehalter, die bereit und guten Willens sind, auch ihren Vierbeinern ein gesundes Leben durch naturgemäße Haltungsbedingungen zu ermöglichen, gestiegen ist.

Aber dieses Buch ist nicht eine schnelle Antwort auf einen kurzatmigen „Naturtrend", sondern Ergebnis langjähriger Überlegungen, Studien und praktischer Erfahrungen. Es entstand in dem Bemühen, fundierte, praxiserprobte Antworten auf die wesentlichen Fragen naturgemäßer Pferdehaltung zu geben mit Schwerpunkt Offenstallbau und Weidewirtschaft.

Soweit erforderlich – und dies war mir neben exemplarischen Darstellungen wichtig – habe ich auch die theoretischen Grundlagen besprochen, denn bewußte Pferdehalter sollten neben dem „Wie" auch das „Warum", also Zusammenhänge und Begründungen, kennen. Nur dadurch ergibt sich die Fertigkeit, eigene pferdegerechte Kompromisse, bezogen auf die individuellen örtlichen Verhältnisse, zu finden und umzusetzen. Dies ist Ziel dieses Buches – es kann kein „Rezeptbuch" für alle Fälle sein!

Allen, die mir bei der Entstehung dieses Buches mit Wissen und Tat geholfen haben, möchte ich herzlich danken.

Eschebrügge
Ingolf Bender

Einleitung

Der Umfang der Pferdehaltung wird heute weitgehend vom Reitsport bestimmt, und zwar vom Freizeitreitsport. Die Zeiten, in denen berufsmäßig mit Pferden gearbeitet wurde, sowohl in der Landwirtschaft als auch bei der Kavallerie, sind in Mitteleuropa seit mehreren Jahrzehnten vorbei. Lediglich in einzelnen Sportbereichen, so beim Vollblut- und Trabrennsport oder beim Spitzenspringsport sowie in Reit- und Fahrbetrieben unterschiedlichster Zielrichtung, gelten professionelle Maßstäbe im Hinblick auf Art und Maß der verlangten Leistungen. Die unterschiedlichen Leistungsanforderungen, sich daraus ergebende Konsequenzen und akzeptable Haltungskompromisse werden später noch besprochen.

Einleitend sei aber unterstrichen, daß es sich immer um die gleiche Spezies handelt, mit der es sowohl der Freizeitreiter als auch der Rennreiter zu tun haben, nämlich um das seit ca. 5000 Jahren domestizierte Hauspferd. Unser Hauspferd mag aufgrund der Rassenvielfalt, vom Shetlandpony bis zum Vollblutaraber, oberflächlich betrachtet höchst unterschiedlich sein, ist aber im Hinblick auf die *grundlegenden Bedürfnisse*, seine Ansprüche an die Umwelt, seine physischen und psychischen Besonderheiten im Kreis unserer Haustiere rassenunabhängig gleich zu beurteilen! Neben diesen gleichartigen Grundbedürfnissen müssen typ- und herkunftsbedingte sowie individuelle Differenzierungen herangezogen werden, um die jeweils maximal pferdegerechte Haltungsform herauszuarbeiten und zu praktizieren.

Befriedigend wird dies aber nur demjenigen gelingen, der in Pferden eben nicht nur reine Nutztiere sieht, sondern Mitgeschöpfe, die als hochorganisierte Säugetiere ähnliche Gefühle wie wir Menschen haben, nämlich Zuneigung, Eifersucht, Angst usw. Der Verfasser ist weit entfernt, hier einer unzulässigen Vermenschlichung das Wort zu reden. Es geht darum, biologisch beweisbare Fakten miteinzubeziehen, die eindeutig die Philosophie eines René Descartes widerlegen, der in Tieren nur biologische Roboter sieht, die durch angeborene Instinkte genetisch programmiert sind.

Vergleicht man das Pferd mit anderen Haustieren oder gar den sogenannten landwirtschaftlichen Nutztieren, dann ergibt sich, daß - trotz mannigfaltiger Veränderungen - das Hauspferd den wilden Stammformen näher steht als jedes andere Haustier! Denn im Gegensatz zu den meisten anderen Haustieren beruht die seit der Domestikation durch den Menschen vom Pferd geforderte Leistung zum überwiegenden Teil auf arttypischer Bewegungsarbeit, die größtenteils im Freien unter natürlichen Bedingungen der Außentemperatur zu erbringen ist.

Dazu ist u. a. eine optimale Thermoregulation, also die Anpassungsfähigkeit des Organismus an die sich ändernde Umgebungstemperatur, erforderlich. Diese Anpassungsfähigkeit kann nur unter abhärtenden Bedingungen erreicht werden, die ebenfalls Gewähr für gute gesundheitliche Resistenz bieten, da dadurch z. B. Erkältungen und Überhitzungen vermieden oder zumindest gemildert werden.

Seit jeher konnte deshalb jede Pferdehaltung oder -zucht, sollten nicht die nützlichen Eigenschaften wie Kraft, Ausdauer und Schnelligkeit verlorengehen, nur unter Einbeziehung der Natur vonstatten gehen. Da Pferde nicht primär als Woll-, Fleisch- oder Milchlieferanten domestiziert und gezüchtet wurden wie etwa Rinder oder Schafe, kam keine gravierende züchterische Veränderung aufgrund einer von der wilden Stammform abweichenden Leistungsrichtung zustande! Geblieben sind damit auch die im einzelnen noch später dargelegten Haltungsansprüche.

Wurde früher z. B. bei Pferden, die in der Landwirtschaft eingesetzt wurden, das Bewegungsbedürfnis teilweise bereits durch täglich mehrstündige Arbeit befriedigt, so daß von daher allenfalls noch eine geschlossene Stallhaltung vertretbar erscheinen konnte, so trifft dies heute nicht mehr zu. Selbst dort, wo professionelle Maßstäbe das Leistungspensum heute noch bestimmen, sind 6- oder 8stündige Arbeitstage für Pferde die große Ausnahme.

Folge dieser Verschiebungen im Leistungsbereich bei gleichzeitigem Festhalten an Haltungsrelikten sind Bewegungsmangel und daraus resultierende Erkrankungen wie Kolik und Verschlag, die häufig zum Verlust von Pferden führen. Da die meisten herkömmlichen Ställe zu warm sind, weil menschliche Komfortbedürfnisse und entsprechendes Behaglichkeitsempfinden undifferenziert auf das Pferd übertragen werden, zudem Luftfeuchtigkeit und Gaskonzentration durch mangelnde Belüftung extrem unzuträglich für den außerordentlich leistungsfähigen, aber auch sehr sensiblen Atmungsorganismus des Pferdes sind, führen zunehmend Atemwegs- und Lungenerkrankungen sowie Allergien zu einem Dahinsiechen unserer Stallpferde. Schließlich führen die Haltungsmängel zu unterschiedlichsten Verhaltensstörungen, Untugenden und Bedürfnisstau, weil keine ausreichende Teilnahme am Umweltgeschehen das Erkundungsbedürfnis befriedigt und soziale Kontakte nahezu unmöglich sind. Ähnlich wie bei den haltungsbedingten Krankheiten versucht man dann, an den Symptomen herumzukurieren, Untugenden mit noch einem Hilfzügel mehr oder Kopperriemen usw. einzudämmen. Sinnvoller und befriedigender ist die Bekämpfung der Ursachen durch konsequente Umstellung der Haltung.

Es mehren sich auch leider solche Haltungen, die aus unserem Steppentier Pferd im wahrsten Sinne des Wortes ein ausschließliches „Haus"pferd machen wollen. Dann nämlich, wenn Pferde aus Stallhaltung als einzige „Abwechslung" für eine Stunde täglich in einer geschlossenen Reithalle bewegt werden, die ebenfalls keine normalen Umweltreize, die dem Pferd zuträglich wären, bietet! Eine solche reine Verwahrhaltung mag denjenigen als „optimal" erscheinen, die betriebswirtschaftliche und organisatorische Gesichtspunkte sowie komfortable menschliche Nutzungskriterien als maßgebliche Faktoren für wichtig halten. Aus der Sicht des nachdenkenden Pferdeliebhabers ist solcherlei Verwahrung nichts als Kümmerhaltung, die ebenso verwerflich ist wie eine Pseudo-Robusthaltung, basierend auf mangelnder Hygiene, falscher Sparsamkeit und Unkenntnis.

Bereits aus diesem Extrakt wird einsichtig, daß eine ausschließliche Boxenhaltung unter unnatürlichen Bedingungen niemals pferdegerecht sein kann – und letztlich auch nicht leistungsfördernd ist.

Wenngleich immer noch etliche traditionell eingestimmte Pferdehalter aus den unterschiedlichsten Gründen an überholten Haltungspraktiken festhalten und in einer naturnahen, abhärtenden Haltung lediglich eine Domäne für die sog. Robustpferde im engeren Sinne, also Islandpferde, Fjordpferde u. ä., sehen, haben bei Rennpferdzüchtern und -haltern bereits in zunehmendem Umfang die Erkenntnisse neuerer physiologischer Forschungen in der Praxis an Boden gewonnen. Auch die Verhaltensforschung hat tiefergehende Einsichten erbracht, die für eine pferdegerechte Haltung berücksichtigt werden müssen.

Da die meisten Haltungsfehler auf Unkenntnis beruhen, sollen die folgenden Kapitel Kenntnisse, Erfahrungen und Fertigkeiten vermitteln, die einerseits das Wohlbefinden des Freizeitpartners Pferd sicherstellen, andererseits aber auch die vorhandenen „partnerschaftlichen" Leistungserwartungen seines Halters berücksichtigen.

Die Biologie des Pferdes

Vom Wildpferd zum Hauspferd

Grundlage jeder pferdegerechten Haltung müssen die Ansprüche sein, die das Pferd von seiner Natur her stellt. Einleitend wurde bereits festgestellt, daß unser rezentes Hauspferd den wilden Stammformen näher steht als jedes andere Haustier. Auch von praktischer Bedeutung ist deshalb ein Blick in die Geschichte der Stammformen, soweit dies dem Verständnis von Merkmalen und Verhaltensweisen dient.

Abb. 1: Die Verbreitung der Equus-Arten.

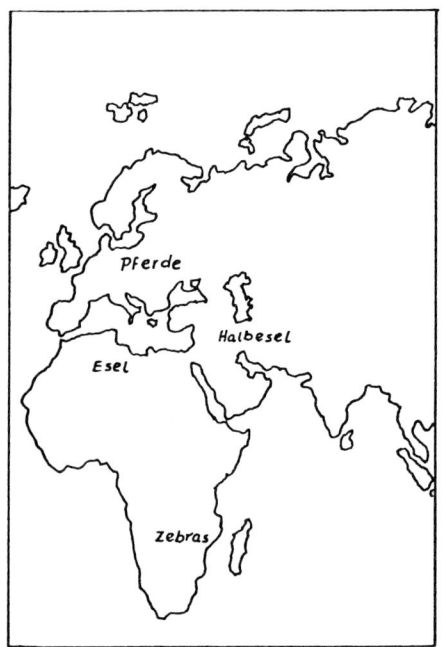

Alle Equiden (Pferdeartigen) gehören nach biologischer Klassifizierung zur Familie der Unpaarzeher (Perissodactylen) und haben einen gemeinsamen Ursprung. Die heute noch lebenden (rezenten) Arten, die zur Gattung Equus zählen, sind die sogenannten echten Pferde (Equus caballus), die Halbesel oder auch Pferdeesel (Equus hemonius), die Esel (Equus asinus) und die Zebras (Equus hippotigris). Erst in der Eiszeit (Pleistozän) haben sich diese einzelnen Arten innerhalb der Gattung Equus herausgebildet und verbreitet. Sie gehen alle zurück auf den Urahn, den nordamerikanischen Pliohippus, dessen Nachfahren dort vor einer Million Jahren (Ende der Warmzeit) langsam bis nach Beginn der Eiszeit vor rund 600 000 Jahren abwanderten (siehe Abbildungen 1 und 2). Mit diesen Wanderungen setzt die Geschichte des Neuzeitpferdes ein.

Die Erstauswanderer, Pferde graziler Erscheinungsform, noch vom milden Klima geprägt, wählten die ihnen adäquate südliche Warmklimaroute nach Asien. Nach Beginn der Eiszeit hatten sich die Pferde Nordamerikas bereits dem kälteren Klima angepaßt; Erscheinungsbild und Lebensraum hatten sich inzwischen verändert. Diese ponyähnlichen Pferde wanderten erst spät aus, sie bevorzugten das nördliche Eurasien als neuen Lebensraum. Ein Teil durchlebte die pleistozäne Epoche noch im Ursprungsland, starb aber dort aus bisher ungeklärten Gründen vor rund 12 000 Jahren aus.

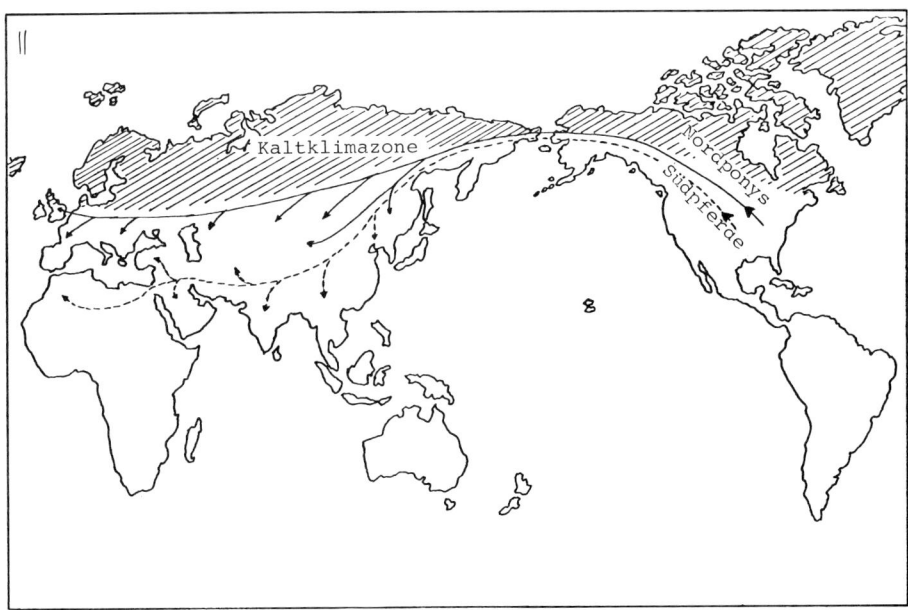

Abb. 2: Kaltklimazone (Zone der maximalen Vereisung) und Wanderwege der Pliohippus-Nachfahren.

Zur Zeit der Frühdomestikation, die in verschiedenen Erdteilen (Nordafrika, Europa, Asien) vor etwa 5000 Jahren begann, standen den Menschen unterschiedliche Wildpferdformen zur Verfügung, aus denen durch Vermischung im Hausstand zahlreiche Rassen entstanden sind. Lediglich das Przewalskipferd, auch als mongolisches Urwildpferd bezeichnet, ist uns als reiner Vertreter der Vordomestikationsformen bis heute erhalten geblieben (s. Abb. 3). Die übrigen Formen existieren heute nicht mehr, wurden aber anhand ausgegrabener Knochen und in Anlehnung an entsprechende Fels- und Höhlenzeichnungen rekonstruiert.

SPEED/EBHARDT ordnen die vier Urformen, entsprechend den nördlichen und südlichen Einwanderungsströmen aus Nordamerika, zwei Gruppen zu und bezeichnen diese als:

1. Ponyartige nördliche Gruppen (Urpony und Tundrenpony);
2. Großpferdeartige südliche Gruppe (Steppenpferd und Wüstenpferd).

Die Abbildungen 4 bis 7 (Abzeichnungen des Verfassers nach Originalen von EBERHARD TRUMLER, mit freundlicher Genehmigung des Autors HERMANN EBHARDT, Isernhagen) sind Habituszeichnungen der vier Skelett-Funktions-Typen nach SPEED/EBHARDT.

Das *Urpony* existierte schon zu Beginn der Eiszeit in Nordamerika (Fossilfunde aus Alaska), es war ein unermüdlicher Wanderer und erschloß sich einen riesigen Raum, den es während und nach der Eiszeit besiedelte. Man fand Skelette in Europa, Kleinasien, Südrußland, Zentral- und Ostasien und sogar in Afrika.

12 Abstammung

Abb. 3: Przewalski-Zuchthengst Sidor (nach einem Foto von Dr. Heinz Heck, München).

An seinen vorwiegend nördlichen Lebensraum war es fortschrittlich angepaßt. Dauerhafte Kauwerkzeuge mit breiten Schneidezähnen und langen Mahlzähnen, für starke Abnutzung bestimmt, gaben ihm in Verbindung mit einem kräftigen Verdauungstrakt die Möglichkeit, große Mengen Rauhfutter zu verwerten. Nährstoffarmes, hartes Futter vermochte das Urpony gut aufzuschließen.

Sein Kopf, kurz und kräftig, mit geradem Nasenprofil, hatte eine breite Stirn, kleine Mausohren, weit auseinanderstehende runde Augen und große Nasenräume zur Erwärmung der kalten Luft.

Für das Gebäude des Urponys war kennzeichnend der tonnige Rumpf mit hochaufgesetztem, massivem Hals und einer breiten Kruppe. Die stämmigen, kurzen Gliedmaßen mit breiten Gelenken hatten feste, steile Hufe. Bevorzugte Gangart war ein flacher, wenig raumgreifender Trab mit schnellem Fußwechsel bei gleichmäßiger Beteiligung der Vor- und Hinterhand. Das Haarkleid war dicht und bildete im Winter eine starke Unterwolle. Fallmähne, Schopf und Schweif wuchsen üppig und dienten speziell dem Nässe- und Windschutz. Ähnlich wie bei anderen Tierarten aus vergleichbar feuchtkalten Gebieten (Elche, Wisente)

Abb. 4: Urpony (Exmoorpony-Typus, Typ I).

war die Farbe des Urponys torfbraun mit Aufhellungen der Maulpartie („Mehlmaul"), der Augenumrandung sowie des Unterbauches und der Flanken. Gliedmaßen, Mähne und Schweif waren fast schwarz; Streifen (Aalstrich, Schulterkreuz oder Beinstreifung) fehlten. Die Urponys lebten gesellig in Großherden, die von jeweils einem Leithengst zusammengehalten wurden.

Aufgrund seiner weiten Verbreitung hat das Urpony zur Bildung fast aller Rassen beigetragen. Nicht nur bei ausgesprochenen Ponyrassen, sondern auch bei Warmblütern sind Spuren dieser Vorfahren feststellbar. Züchterisch geschätzt und durch Selektion gefördert wird beispielsweise das Urpony-Erbgut in der Warmblutzucht, soweit es um die Eigenschaften wie gute Futterverwertung, Rundrippigkeit und Gurtentiefe sowie Widerstandsfähigkeit geht. Im Umgang mit dem Menschen erweist sich das charakterliche Erbgut des Urponys ebenfalls als bedeutsam, denn es ist geprägt von Freundlichkeit, Gelehrigkeit und Anhänglichkeit.

Eiszeitliche Funde aus England (Thames, Mendip) belegen, daß das Skelett des einstigen Urponys weitgehend übereinstimmt mit dem des rezenten Exmoorponys, das heute noch in Südwestengland halbwild gehalten wird. Das Erbgut des Urponys, dem die Anlage zum Größenwachstum fehlte und dessen maximale Widerristhöhe 125 cm betrug, ist im Exmoorpony noch so konstant, daß es auch bei üppiger Fütterung in Verbindung mit Selektionsbemühungen nicht gelingt, dieses Pony in Reinzucht größer zu züchten.

Das *Tundrenpony*, zeitlich erst später auftretend als das Urpony, kam zunächst auch in Nordamerika vor. Später siedelte es sich in den Tundren Nordasiens und Nordeuropas am Rande der Waldzone an, bewohnte moorige Gebiete in Gebirgsgegenden und war zeitweise fast im gesamten eisfreien europäischen Raum verbreitet. Immer wieder wurden große Gruppen dieser Tundrenbewohner, die einen vergleichsweise mäßigen Wandertrieb besaßen, von vordringenden Gletschern für einige tausend Jahre eingeschlossen. In Anpassung an die neue Umwelt entwickelten sich so verschiedene Sonderformen des Tundrenponys,

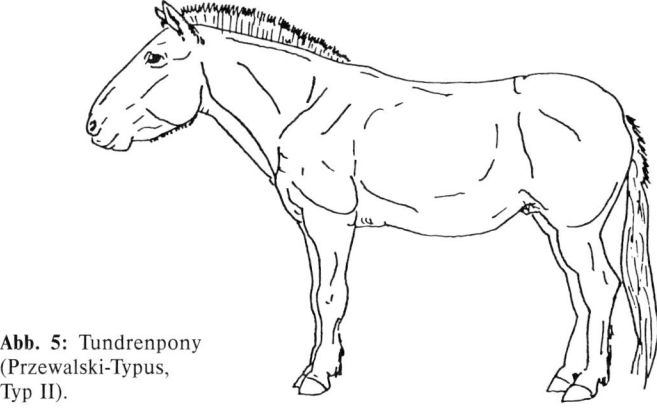

Abb. 5: Tundrenpony (Przewalski-Typus, Typ II).

deren Grundbauplan sich insgesamt aber glich. Das Przewalskipferd, die einzige heute noch in der Mongolei mit rund 40 Exemplaren vorkommende Wildform echter Pferde, ist eine solche Sonderform, die sich schon früh in Innerasien dem trockenen, kühlen Steppenklima anpaßte.

Die Grundform des Tundrenponys, fossil auch in der Mendip-Höhle (Mendip II) nachgewiesen, war stärker als das Urpony an kontinentales Kaltklima angepaßt. Die Widerristhöhe betrug etwa 135 cm, wobei in der Eiszeit auch Großformen bis zu 180 cm Widerristhöhe vorkamen. Diese Großformen waren zwar zur Zeit der Domestikation schon ausgestorben, doch behielten die später wieder kleiner werdenden Tundrenponys die Erbinformation Größenwachstum bei. Nur so konnte es auch in geschichtlicher Zeit gelingen, aus den 140 cm Stockmaß großen Germanenpferden, die im wesentlichen Mischlinge der beiden Ponyformen waren, die schweren Ritterpferde herauszuzüchten. Das schlummernde Erbgut der Tundrenponys ist hierbei durch entsprechende Selektion geweckt worden.

Das grobknochige, ziemlich massige Tundrenpony ist nicht nur Urahn unserer heutigen schweren Ponyrassen, sondern ebenfalls Vorfahre der mächtigen Zugpferde, in Deutschland als „Kaltblut" bezeichnet, wobei die Bezeichnung Kaltblut lediglich einen Hinweis auf das ruhige, bedächtige Temperament gibt.

Entsprechend seinen Lebensbedingungen war das Tundrenpony von allen Urpferden am stärksten spezialisiert und stellte – bezogen auf den Pliohippus – die damit höchstentwickelte wilde Pferdeform dar. Kauwerkzeuge, Rumpf und Verdauungstrakt waren noch stärker als beim Urpony auf hartes, voluminöses, auch hartgefrorenes Futter eingestellt. Der Schädel mit schmaler Stirn, tiefliegenden kleinen Augen und einem langen Schnauzenteil mit mächtigen Kiefern und ramsnasiger Nüsternpartie diente ganz dem Futtersuchen, dem Fressen und dem Vorwärmen eisiger Kaltluft. Einen edlen Kopf mit kleinen Kiefern konnte sich dieses Pferd nicht leisten, alles war eben auf das Überleben im kalten Klima eingerichtet. Auch die starkknochigen Gliedmaßen, die in breiten, flachen Hufen endeten, waren sinnvoll an die teils sumpfige, teils schneeverharschte Tundra angepaßt. Das Tundrenpony bewegte sich vornehmlich im Schritt unter verstärkter Vorhandmitwirkung, bedingt durch die Bodenverhältnisse. Es mußte beispielsweise in der Lage sein, die in einen Sumpf geratenen Vorderbeine leicht mit Unterstützung der Hinterhand wieder herauszuziehen. Zweckentsprechend war die Hinterhand säbelbeinig geraten. Diese Funktionsaufteilung der Gliedmaßen war auch im Gebirge äußerst wichtig, sie ermöglichte sozusagen ein „Treppensteigen". Auch die kurze, steile Schulter, die abgeschlagene Kruppe sowie das bedächtige, abwartende Temperament entsprachen dem umweltbedingten, gemäßigten Fortbewegungsdrang.

Die Fellfarbe des Tundrenponys war im Sommer mausgrau bei dunklem Kopf und scharzen Beinen; im Winter war der Körper fast weiß. Über den Rücken verlief ein dunkler Aalstrich.

Sonderformen, wie das Przewalskipferd, paßten sich der Umwelt später durch rot-braun-gelbe Färbung an. Die Steppenformen dieser Färbung wurden auch hochbeiniger und schneller.

Allen Tundrenponys wuchs eine Stehmähne ohne Stirnschopf, weit von der Üppigkeit der Mähne des Urponys entfernt. Im trocken-kalten Klima fehlte den Tundrenponys der entsprechende Haarwachstumsanreiz, weshalb auch der Schweif nur spärlich behaart blieb und keine glockenartige Schweifrübenbehaarung zur Ableitung des Regenwassers – wie beim Urpony – notwendig war. Der bürstenartige Schweif hatte hauptsächlich Windschutzfunktion.

In der heutigen Pferdezucht ist das Tundrenponyerbe einerseits kaum noch gefragt, soweit es das wenig reitpferdegemäße Gebäude angeht. Andererseits werden die Duldsamkeit und Umgänglichkeit, die Futterdankbarkeit und auch die Knochenstärke insbesondere in der Ponyzucht nach wie vor geschätzt.

Zur Gruppe der südlichen Urwildpferde gehören das Steppenpferd (Typ III, siehe Abb. 6) und das Wüstenpferd (Typ IV, siehe Abb. 7).

Diese beiden südlichen Urformen waren bereits gegen Ende des warmen Tertiärs, früher als die beschriebenen nördlichen Urformen, von Nordamerika nach Südasien, Nordwestafrika und Südspanien eingewandert.

Das *Steppenpferd* war ein ausgesprochenes Lauftier, schlank, langgestreckt und hochwüchsig. Die Widerristhöhe lag vor der Eiszeit bei 170 cm, nacheiszeitliche Formen maßen zwischen 150 und 160 cm. Der Langgesichtsschädel hatte ein ramsnasiges Profil, enge Nasenräume und kräftige Kiefer mit langen, kurzkronigen Zahnreihen für Frischpflanzen- und Grasweiden südlicher Zonen. Die Ohren der Steppenpferde waren eselartig lang. Fellfarbe und Mähnenform sind heute nicht mehr eindeutig rekonstruierbar. Es wird vermutet, daß diese Pferde ursprünglich Gelbfalbe waren mit Aalstrich auf dem Rücken und bräunlicher Streifung an den Beinen und der Schulter. Mähne und tiefangesetzter Schweif waren vermutlich dünn und dunkelfarbig.

Anders als bei den nördlichen Ponyformen war der Verdauungstrakt der Steppenpferde auf gehaltvolleres Futter eingestellt. Die Rumpfform war deshalb schmaler, die Rippenwölbung flacher. Als Lauftier hatte das Steppenpferd hohe Gliedmaßen mit langen Röhrbeinen, weichen Fesseln und hohen

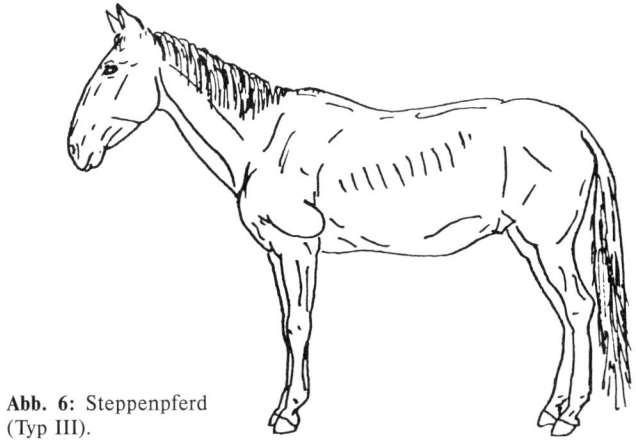

Abb. 6: Steppenpferd (Typ III).

schmalen Hufen. Der überwiegende Hinterhandantrieb gab diesen Pferden große Schubkraft, sie entwickelten auch ein ausgezeichnetes Springvermögen. In sehr lockeren Verbänden lebend, waren diese Pferde hinsichtlich des Verhaltens eher einzelgängerisch als gemeinschaftsliebend. Große Verteidigungsbereitschaft, Futterneid und waches Temperament sind auch heute noch bei Hauspferden dieses Erbgutes festzustellen. Weitgehend hinterließ das Steppentier sein Erbe in den reingezüchteten Berberpferden Nordafrikas und in den Primitivandalusiern aus der Rückzüchtungsherde von Ruy D'Andrade, Portugal. Aber auch die heutigen Warmblut- und Vollblutrassen gehen in wesentlichen Merkmalen auf das Steppenpferd zurück. So war einer der Stammväter der englischen Vollblutzucht der marokkanische Berberhengst Godolphin Barbe.

Das *Wüstenpferd*, auch Uraraber oder Urvollblüter genannt, bevorzugte nach seiner Auswanderung aus Amerika für einige tausend Jahre den subtropischen asiatischen Raum, der vergleichbare Umweltbedingungen wie das spättertiäre Nordamerika bot. Einer Anpassung oder Spezialisierung bedurfte es über lange Zeiträume hinweg nicht, so behielt dieses Urpferd noch viel von der Ursprünglichkeit der grazilen Pliohippus-Ahnen. Erst gegen Ende der Eiszeit, als der fruchtbare Lebensraum dieses nur 120 cm Widerristhöhe messenden Pferdchens langsam versteppte und in seinem afrikanischen Verbreitungsgebiet gar zur Wüstensteppe wurde, entwickelte sich dieses subtropische Urpferdchen zum Wüstenpferd. Diese Entwicklung war aber nicht – wie bei den übrigen Urpferdeformen – gleichzeitig verbunden mit einer Fortentwicklung und Änderung des äußeren Erscheinungsbildes, sondern in erster Linie eine Höherentwicklung der Sinnesorgane. So entwickelte sich ein ungewöhnliches Witterungsvermögen, um in Trockengebieten auf weite Entfernungen niedergehende Regenfälle wahrzunehmen. Bedingt durch Futter- und Wassersuche über lange Strecken, wurde aus dem ehemaligen „Kurzstreckengalopper" ein harter, ausdauernder Langstreckenrenner.

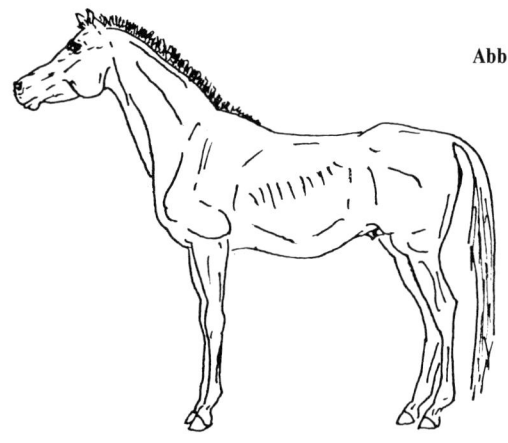

Abb. 7: Wüstenpferd (Typ IV).

Der verhältnismäßig kurze Zeitraum vom Ende der letzten Eiszeit vor ungefähr 12 000 Jahren bis zur vermuteten Erstdomestikation vor etwa 5000 Jahren hat auch für eine körperlich umfassende Weiterentwicklung, etwa des Gebisses, nicht ausgereicht. Das von allen Einhufern größte Großhirn, das dieses Wüstenpferd schon damals besaß, konnte also bestimmte – sonst für ein Überleben unter veränderten Umweltbedingungen unerläßliche – körperliche Anforderungen durch erhöhte Sinnesleistungen kompensieren. Knochenfunde aus dem Westiran und aus Japan sowie alte Felszeichnungen, wie z. B. die rund achttausend Jahre alte Zeichnung eines Wüstenpferdes aus dem Acacus-Gebirge im Fezzan (Libysche Sahara), deuten darauf hin, daß der heute noch rein („asil") gezogene Saqlawi-Araber weitgehend dem Typ dieses Urpferdchens entspricht.

Das Wüstenpferd ist der Urahn vieler Pferderassen des Orients, Südasiens und Nordafrikas. Gelehrigkeit, Spurtschnelligkeit, Umgänglichkeit und Reaktionsvermögen sind geschätzte Erbmerkmale für die heutige Pferdezucht.

Umwelt, Verhalten und Ansprüche freilebender Hauspferde

Für alle Pferde, ob Pony oder Vollblüter, gilt, daß der Mensch den biologischen Grundbauplan dieser bereits im Wildzustand hochspezialisierten Einhufer bis heute in entscheidenden Punkten nicht verändert hat. Von solchen Pferdebesitzern, die ständige Stallhaltung für ihre Pferde vorsehen, wird auf den Vorwurf, daß diese Haltung tierschutzrechtlich bedenklich sei, vehement argumentiert, daß es sich ja nicht um Wildpferde handele, sondern um Hauspferde. Dazu bleibt klarzustellen, daß sich die domestizierten Pferde nach den Ergebnissen der vergleichenden Haustierforschung sicher in Aussehen, Verhalten und Leistungsvermögen gegenüber ihren wilden Vorfahren verändert haben. Die Veränderungen gehen bis in den Feinbau des Organismus. Nur belegen diese Untersuchungen auch, daß sich die Umweltansprüche des Hauspferdes nicht in dem Maße geändert haben wie z. B. die Leistungsfähigkeit gestiegen ist. Unser Pferd ist, insbesondere was Umwelt- (und damit Haltungs-)ansprüche und auch das Verhalten insgesamt angeht, sehr viel weniger von den wilden Stammformen entfernt als jedes andere Haustier.

Degenerationserscheinungen, wie wir sie in erschreckendem Umfang bei der Zucht des Hundes sehen können, gibt es in derartiger Ausprägung beim Pferd nicht – und wird es kaum geben können. Der Schoßhund, von seinem Äußeren, seinen Haltungsansprüchen, seinen Fähigkeiten und seinem Verhalten weit von der Ausgangsform, dem Wolf, entfernt, kann ohne menschliche Fürsorge nicht existieren. Sein Lebensraum wird begrenzt durch Wohnzimmerwände, die natürliche Umwelt wäre auf Dauer sein sicherer Tod! Völlig anders unser Hauspferd – egal welcher Rasse. Beispielhaft sei auf die amerikanischen Mustangs oder die verwilderten Pferde der Namib-Hochebene hingewiesen. Als entlaufene Hauspferde der Entdecker verwilderten sie, vermehrten sich und existieren ohne menschliches Zutun bis heute. In ihrem Erbgefüge, in ihren Verhaltensweisen hatte sich das Wilderbe erhalten, in einer ihnen adäquaten Umwelt konnten sie überleben.

Wie sich unnatürliche Haltung, Fütterung usw. beim Pferd auswirken, zeigen Untersuchungen aus dem Bereich der Pferdezucht. Trotz der sprichwörtlichen „Roßnatur" reagieren Pferde empfindlich auf wenig artgemäße Haltung, z. B. durch Unfruchtbarkeit.

Jeder, der Freizeitpferde, Zuchtpferde, Sportpferde in mitteleuropäischen Breiten halten will, ist aufgrund räumlicher, arbeitstechnischer und auch finanzieller Gründe zu Kompromissen gezwungen. Wirklich ideale Lebensbedingungen finden sich für Pferde kaum, wir schaffen ihnen eine teils „künstliche Umwelt", manchmal sogar „goldene Käfige", die genauso energisch abzulehnen sind wie etwa solche „Pseudo-Robust-Offenstallhaltungen", die aus räumlichen und finanziellen Engpässen, Faulheit und Dummheit entstehen, und die aus vielleicht anfangs gutwilligen, aber unwissenden Menschen Tierquäler machen! Zwischen diesen Extremen gibt es eine Menge individueller Gestaltungsmöglichkeiten, die der kreative Pferdeliebhaber ausloten wird unter Berücksichtigung der Ansprüche des Pferdes in psychischer und physischer Hinsicht.

Durch vielfältige Beobachtungen konnte festgestellt werden, daß sich Ansprüche und Verhaltensweisen unserer Hauspferde – mit graduellen Einschränkungen – durchaus noch in wichtigen Bereichen im Rahmen der Verhältnisse der Wildvorfahren halten. Erst seit verhältnismäßig kurzer Zeit befaßt sich die Wissenschaft mit der Ethologie (Lehre vom Verhalten) des Pferdes. Über diesen Forschungsbereich schreibt RAU noch 1937: „So stehen wir heute noch vor geringen Kenntnissen." HEINEMANN hat sich 1943 in seiner Dissertation über „Affektausdruckserscheinungen im Gesicht des Pferdes" als einer der ersten Autoren mit wissenschaftlicher Gründlichkeit um die Verhaltensforschung beim Pferd bemüht. Insbesondere durch die Arbeiten von GRZIMEK (1943–1952), MONTGOMERY (1957) und ZEEB (1958) erreichte das Pferd erstmals die ihm entsprechende Bedeutung innerhalb der Verhaltensforschung. Anhand verschiedenster Populationen sind zwischenzeitlich Untersuchungen durchgeführt worden, die unsere Kenntnisse vertiefen. Popularität erlangten hier vor allem die Veröffentlichungen von ZEEB (Wildpferde in Dülmen), EBHARDT (Verhaltensweisen von Islandpferden) und SCHÄFER. Es gibt weitere interessante Arbeiten, so z. B. von JEZIERSKI (Primitivpferde von Popielno/Polen).

Leider sind die echten Wildpferde in freier Wildbahn – bis auf einen vermuteten Restbestand weniger Exemplare in der Mongolei – nahezu ausgestorben. Lediglich die in Gefangenschaft gehaltenen Zoo- und Reservatbestände bieten interessante und für die vergleichende Verhaltensforschung wichtige Untersuchungs- und Beobachtungsmöglichkeiten, wie sie z. B. von MOHR (1959) und MAZAK (1961) erarbeitet wurden. Der weitaus größere Teil der Arbeiten über die Ethologie des Pferdes bezieht sich auf domestizierte Pferde, die leider teils in recht kleinräumlichen und zudem gut kultivierten Haltungseinheiten beobachtet wurden.

Nach EIBL-EIBESFELDT (1967) „... sind Gefangenschaftsbeobachtungen keinesfalls als geringer einzuschätzen, wenn man gefangenschaftsbedingte Störungen umgeht und die Tiere relativ frei in ihrer natürlichen Umgebung hält."

Der Verfasser hatte im Winter 1980/81 die recht seltene Möglichkeit, eine überwiegend aus reinrassigen Fjordpferden niederländischer Zucht bestehende freilebende Herde aus Stuten, Wallachen und einem Hengst unter winterlichen Bedingungen zu beobachten und eine ethologische Studie darüber anzufertigen (s. Abb. 10–16). Während des Beobachtungszeitraumes wurde die aus insgesamt 10 Pferden bestehende Herde auf einem nahezu 100 Morgen großen Rheinwiesenareal, das von Menschen wenig frequentiert wird, gehalten. Neben geringem Schutzbewuchs (Büsche und Bäume) stand ein z. T. undichter Melkstall (Grundfläche rd. 25 × 3 m, dreiseitig geschlossen) den Pferden als bedingter Witterungsschutz zur Verfügung. Die menschlichen Einflüsse beschränkten sich bei dieser Herde im wesentlichen auf das Zufüttern von Heu bei extremen winterlichen Bedingungen sowie auf eine einmalige Hufpflege und die Kastrationserlebnisse der Wallache.

Aufgrund der extensiven Aufzucht und Haltung waren die Pferde z. T. unterentwickelt, z. T. allerdings auch in recht guter Verfassung. Der ranghöchste Wallach, den der Verfasser aus der Herde heraus als „Wildling" erwarb, war bereits nach kurzer Umgewöhnung trotz seines Selbstbewußtseins ein sehr angenehmes, lernwilliges, mutiges Freizeitpferd – ohne jede Untugend (wie man sie oft bei Jungpferden aus kleinräumlichen Aufzuchten findet).

Dieses Beispiel mag als Hinweis darauf verstanden werden, daß es für Zuchtherden bzw. Jungpferdeherden keine artgemäßere Aufzucht gibt als die Freilandhaltung, die mit einem geräumigen Offenstall als Schutz erst pferdegerecht wird.

Aus den angeführten Arbeiten und den eigenen Beobachtungen des Verfassers ergeben sich folgende Faktoren, die bei jeder Form artgemäßer Pferdehaltung ausreichend zu berücksichtigen sind:

- Raumbedürfnis
- Licht- und Luftbedürfnis,
- Herdenmentalität,
- Trink- und Freßgewohnheiten und
- Schlafgewohnheiten.

Unter dem *Raumbedürfnis* ist hier nicht etwa die erforderliche Stallfläche oder ähnliches zu verstehen, sondern die Größe des Aktionsraumes, denn Pferde als Lauf- und Fluchttiere verfügen über einen angeborenen Bewegungstrieb. Dieser ist originär genetisch verbunden mit dem Freßtrieb, denn in der Natur wird nicht aus Krippen zugefüttert, hier muß das Pferd sich gut 10–12 Stunden täglich beim Grasen fortbewegen, um überhaupt satt zu werden. So hat ZEEB ermittelt, daß Camarguepferde pro Tag etwa 6 km beim Grasen zurücklegen. In Dürregebieten nutzen freilebende Pferde sogar einen Radius von 20–30 km um ihre Wasserstellen (z. B. die wildlebenden Pferde der Hochebene Namib in Südafrika). Die vom Verfasser beobachtete Herde legte beim ruhigen Abgrasen der winterlichen Grasnarbe auf dem rd. 1,3 km × 0,2 km großen Areal täglich 4 bis 7 km bei Freßzeiten zwischen 11–16 Stunden zurück. Unter guten Bedingungen (satte Weide, schnell erreichbare Tränke) wird der Aktionsradius kleiner, das Pferd wird in solchen Fällen dann aber wählerischer, neugieriger und setzt dies in Bewegung um. Auch der Spieltrieb bei Jungpferden oder Aggressions- und Rangordnungsgeplänkel, also aktive Bewegung, nehmen offensichtlich zu, je komprimierter das Futterangebot ist und je weniger der Zwang besteht, sich auf mühselige Nahrungssuche begeben zu müssen! So konnte bei der Beobachtungsherde festgestellt werden, daß bei schneebedeckter, verharschter Narbe die erforderliche Grasungsaktivität kaum Raum ließ für weniger wichtige Bewegungsaktivität. Sobald die Schneedecke geschmolzen war und kein Scharren u. ä. mehr zur Erlangung der nötigen Futtermengen erforderlich war, zeigten sich kleinere Geplänkel zwischen den Pferden.

Der Schluß liegt nahe, daß in allen Pferden (mit rasseabhängigen Unterschieden) ein genetisch fixierter Bewegungstrieb angelegt ist, mit einem „Grenzwert", bis zu dem täglich Bewegungsaktivität möglich sein *muß*, wenn nicht Psyche und Organismus Schaden nehmen sollen! Dieser Schluß wird durch medizinische Sachverhalte bestätigt. Das bewegungsarm gehaltene Pferd besitzt z. B. weit weniger rote Blutkörperchen, die als Sauerstoffträger sehr wichtig sind, als ein bewegungsaktiv gehaltenes. Zwangshufe, Gelenkerkrankungen usw. resultieren aus Bewegungsmangel, der zu Verweichlichungen, wie vermehrten Sehnenschäden und Stoffwechselstörungen führt. Psychisch-neurotische Defekte sind ebenfalls zwangsläufige Folge von Triebstau (Koppen, Weben, Agressivität).

Zum Raumbedürfnis gehört im Zusammenhang mit der Bewegungsaktivität auch die lebhafte Teilnahme am Umweltgeschehen, und zwar die relativ ungezwungene Möglichkeit, Reize aufzunehmen, Neugier zu befriedigen und den Fluchttrieb, mal ernst, mal spielerisch, auszuleben. Eine halbe Stunde Freilaufen in einer Reithalle ist zwar besser als gar nichts, aber leider eben nicht ausreichend, zwar gut gemeint, dennoch mehr Alibi als pferdegerecht!

Wenn oben „rasseabhängige Unterschiede" angedeutet wurden, so ist damit gemeint, daß erhebliche Differenzierungen nötig sind. Gerade hochblütige Rassen, galoppierfreudig und sensibel, brauchen weniger die technisch und optisch maßgeschneiderte Box als lange Koppeln oder laufgeeignete, drainierte Winterausläufe. Das ist für Warmblüter oder gar Vollblutaraber heute noch die Ausnahme, obwohl sie aufgrund ihres starken Bewegungstriebs noch mehr danach verlangen als die gemeinhin heute schon viel naturnäher und großräumiger gehaltenen Ponyrassen. Der Eigenbewegungsdrang der sog. „Robustrassen im engeren Sinne" ist bei ausgewachsenen Exemplaren weitaus geringer als bei gleichaltrigen Warmblütern oder Vollblutarabern. Ponys sind im Temperament gelassener und neigen bei Triebstau weniger zu nervösen Aufladungen als vielmehr zu aktiven Ersatzhandlungen (z. B. Holzbenagen, Scheuern, Beißen).

Das *Licht- und Luftbedürfnis* des Pferdes, verbunden mit dem Bedarf nach jahreszeitlich recht unterschiedlichen Außenklimareizen, resultiert aus seiner entwicklungsgeschichtlichen Herkunft. Zunächst als Waldbewohner, später vorwiegend als Steppentiere, waren Einhufer niemals Höhlenbewohner wie etwa die Vorfahren unserer Haushunde. Für ein großes, grasfressendes Fluchttier, das für seinen Stoffwechsel, sein Wachstum und seine Organfunktion viel Licht und Luft benötigt, wäre auch eine theoretisch denkbare evolutionäre Höhlenanpassung, vielleicht in einem eiszeitlichen Rückzugsgebiet ohne Ausweichmöglichkeiten, das vorprogrammierte Aussterben gewesen. Die natürlichen Feinde, nämlich Höhlenbewohner wie Bär und Wolf, hätten leichte Beute gehabt! Das Pferd ist eben kein Kanin-

Abb. 8: Vollblutaraber-Zuchtstuten im Winterauslauf mit Heuraufe.

chen, dessen Baueingänge durchweg kleiner sind als seine Feinde, die Füchse. Nun mag dieser Vergleich scherzhaft klingen. Er ist es nicht, wenn man einmal mit offenen Augen durch die typischen, aus aneinandergereihten Gitterkästen bestehenden normierten Boxenstallungen läuft. Der Verfasser fühlt sich stets wie ein Zwergmensch zwischen überdimensionierten Kaninchenställen! Die Möhren und der Stallgeruch bestärken diesen Eindruck noch (wobei gegen erstere selbstverständlich nichts einzuwenden ist).

Die mangelhafte Befriedigung des Licht- und Luftbedürfnisses durch einseitige Stallhaltung hat eine Vielzahl von negativen Auswirkungen auf das Pferd. Betroffen sind

- das Abwehrsystem,
- Atmung und Blutkreislauf,
- Stoffwechsel und Futteraufnahme,
- das Knochenwachstum (Vitamin-D-Bildung),
- der Hormonhaushalt,
- Blutbildung und
- Muskelleistung.

Wir verlangen von unseren Pferden vielfältige Bewegungsleistungen unter dem Sattel oder im Gespann, wir freuen uns über galoppierende Pferde, bewundern Eleganz und Ästhetik der Bewegung, sehen aber nur oberflächlich, welche erstaunlichen biologischen Abläufe im Pferdeorganismus vor sich gehen, die ebenfalls bewundernswert sind. Intensives Interesse wird häufig dann erst geweckt, wenn die Eleganz dem Husten weicht und der Tierarzt Lungenemphysem oder chronische Bronchitis diagnostiziert.

Von Natur aus sind Pferde mit einem maximal leistungsfähigen Atmungsapparat ausgestattet, der – so an frische Luft gewöhnt und trainiert – Voraussetzung ist für hohe Ausdauerbewegungsleistungen. Dabei können die Lungen die Sauerstoffaufnahme um mehr als das 30fache steigern (bezogen auf den Ruhewert). Beim Hund beträgt die Steigerungsmöglichkeit kurzzeitig ca. das 15fache (Jagdhunde und Windhunde), beim trainierten Menschen das 20fache. Gegenüber dem Ruhezustand erhöht sich beim Pferd das ausgetauschte Luftvolumen durch Ein- und Ausatmen bei stärkstem Galopp um das 5fache auf ca. 25 Liter (pro Atemzug!). Jeder Galoppsprung ist mit einem Atemzug verbunden, die Atemfrequenz steigt um das 8–10fache der Ruhewerte an (ca. 10 bis 16 je Minute). Auch die Milz des Pferdes vermag unter zunehmenden Belastungen außerordentlich große Blutmengen in die Organe zu pumpen, um u. a. die Sauerstoffversorgung der Leistung anzupassen.

Daraus wird deutlich, daß Pferde mit Atemwegserkrankungen, resultierend aus stickiger, ammoniakbelasteter, staubgeladener Stalluft, und Anämie (geringe Zahl von roten Blutkörperchen, die wiederum für den notwendigen Sauerstofftransport sorgen) auf Dauer dahinsiechen. Wer in der Anatomie einer Tierärztlichen Hochschule die sezierte, durch nicht artgemäße Haltung erkrankte Lunge eines Pferdes begutachten konnte, wird sehr viel nachdenklicher.

Von Unwissenden wird als Ursache von Lungenproblemen nicht selten eine undifferenzierte „Erkältung" angeführt, ausgelöst durch Unterkühlung bei geschwächtem Abwehrsystem. Erkältungen sind die Domäne des Menschen. Sie sind bei Pferden als Hauptursache des Hustens eher die Ausnahme, denn das Anpassungsvermögen des Pferdes an veränderte Umweltbedingungen, seine beeindruckende Hitze-Kälte-Toleranz, basieren auf seiner arttypischen Bewegungsfunktion. Die Ursache für die Anpassungsfähigkeit (und damit die grundsätzlich geringe Erkältungstendenz) liegt in erster Linie in der Funktion und im histologischen Aufbau der Haut. Ca. $1/3$ der Körperblutmenge, zahllose Nervenpunkte und ca. 100 Schweißdrüsen pro cm^2 weist die Haut auf. Das Schweißbildungsvermögen als wichtiger Regulator für den Wärmehaushalt wird so erklärlich.

Die schweißfeuchte Fellbehaarung sorgt bei vorhandener frischer Luft (die im geschlossenen Stall und in vielen Reithallen selten ist) für die nötige Verdunstungskälte. Sie fördert bei starken Anstrengungen den Abbau des in der Haut entstehenden Wärmeanstiegs. Insbesondere lebhafte, gehfreudige, auf hohe Leistungen gezogene Rassen zeigen durch stärkeren Blutandrang in der Haut und außerordentlich starke Schweißbildungsfähigkeit ihre Sensibilität, aber auch ihre Anpassungsfähigkeit an.

Dem jahreszeitlichen Temperaturwechsel passen sich *alle* Pferderassen durch den Fellwechsel an. Während die Ponyrassen sich zum Winter hin ein zusätzliches Unterhautfettpolster in Verbindung mit gröberer und längerer Fellbehaarung zulegen, sieht das Winterfell der Warmblüter und Araber meist pelziger aus; es ist kürzer. Haben Pferde die Möglichkeit, *sich vor Dauernässe zu schützen und trocken zu liegen*, sind Minustemperaturen auch für Vollblutaraber zuträglich, wenn sie konsequent dem Jahresrhythmus entsprechend naturnah gehalten werden. Was die Anpassungsfähigkeit an extreme Temperaturen betrifft, so sind gerade Vollblutaraber, so sie nicht verzärtelt aufgezogen wurden, die wohl anpassungsfähigste Rasse.

ERIKA SCHIELE, erfahrene Hippologin und ausgewiesene Expertin für Vollblutaraber, berichtet über die Haltung bei den Beduinen (Zitat aus „Arabiens Pferde – Allahs liebste Kinder"): „Das Pferd des Beduinen kannte keinen dumpfen Stall mit schlechter Lüftung, sondern lebte ständig in Luft und Licht und Wind. Also unter günstigsten Bedingungen. Wirklich? Tagsüber brannte die Sonne schattenlos herab, am Abend sank die Temperatur sehr rasch um 30°, 40° C und fiel noch tiefer in der Nacht. Vermehrt sanken die Bodentemperaturen, da Sand die Wärme abgibt und nicht hält; es wurden Unterschiede von 60° in sieben Stunden festgestellt."

Mit diesem Zitat soll selbstverständlich nicht eine extreme, nicht pferdegerechte stallose Robusthaltung propagiert werden, sondern aus dieser Tatsachenbeschreibung wird deutlich, zu welchen extremen Anpassungen Pferde *in der Natur* fähig sind.

In Mitteleuropa gelten sicher aus guten Gründen andere Einsichten als im Orient – auch Mentalitätsfragen spielen eine Rolle. Keine Rolle aber sollten unsere menschlichen Komfortbedürfnisse spielen; sie können nicht ohne Schaden für das Pferd auf dessen Haltung übertragen werden!

Der Verfasser hatte Gelegenheit, das in jeder Beziehung vorbildlich von der Familie Ingeburg und Wolfgang Thörner aufgebaute, ausgestattete und entsprechend sachkundig mit außerordentlicher Passion geführte ARABER-VOLLBLUTGESTÜT OSTENFELDE in Melle/Osnabrück (Niedersachsen) zu besuchen. Dort – in einem der größten Vollblutarabergestüte Europas – verfügt man über breite hippologische Kompetenz und fundierte Erfahrungen, die u. a. anläßlich speziell terminierter Sonntagsvorführungen, an denen oft einige hundert Pferdebegeisterte teilnehmen, gerne weitergegeben werden.

INGEBURG THÖRNER, versierte Vollblutaraberkennerin, weiß denn auch, wovon sie spricht, wenn sie die umfangreichen Beobachtungen und Erfahrungen wie folgt zusammenfaßt:

„Seit über 20 Jahren praktizieren wir mit unseren Vollblutarabern die robuste Haltung im Herdenverband und haben damit nur positive Erfahrungen gemacht. Die Jungstuten und Junghengste halten wir in Gruppen jahrgangsweise in Offenställen mit ständigem Zugang zur Weide, im Winter in speziellen Winterausläufen. Das gleiche Prinzip haben wir auch bei unseren Zuchtstuten, die ebenfalls im Sommer täglichen Weidegang und im Winter großzügige Ausläufe haben. Diese sind mit Tränken und Heuraufen ausgestattet. So sind unsere Vollblutaraber beschäftigt und haben genügend Freiraum sich zu bewegen. Durch diese robuste, artgerechte Haltung mit viel Bewegung und frischer Luft haben wir kaum Schwierigkeiten mit Erkältungskrankheiten, und unsere Zuchtstuten haben sehr leichte Fohlengeburten.

Jeder unserer Zuchthengste hat seinen eigenen Offenstall mit genügend Auslauf und angrenzender Weide. Eine Garantie für ausgeglichene, nervenstarke, zufriedene Hengste, die sogar Sichtkontakt mit den Stutenherden haben. Auch im Winter sind unsere Zuchthengste in diesen Offenställen, sie können jederzeit nach Belieben herein und hin-

Abb. 9: Offenställe für Vollblutaraber-Zuchthengste.

ausgehen. Diese Hengsthaltung ist nach unserer Erfahrung optimal, die Hengste sind abgehärtet und bleiben bis ins hohe Alter wach, gesund und frisch."

Die *Herdenmentalität* unserer Pferde ist eng gekoppelt mit ihrer stammesgeschichtlichen Entwicklung als friedfertige, hochflüchtige Steppengrasfresser. Die Herde gab dem Individuum maximale Sicherheit vor Feinden durch abwechselnde Wachposten während der Ruhephasen und sicherte dadurch primär die Arterhaltung. So ist der Herdentrieb bei Pferden u. U. so stark, daß dahinter sogar Freßtrieb und Sexualtrieb zurückstehen! Jeder Reiter und Pferdehalter kennt die – an sich ganz natürlichen – Eigenschaften wie „Kleben" oder „Pullen". Sie sind Ausdruck eines übermächtigen Herdentriebs, den der einfühlsame, erfahrene Ausbilder sich bei der Ausbildung des Jungpferdes zunutze macht, aber auch durch konsequente Erziehung abzumildern versteht.

Freilebende Pferde gruppieren sich nicht zu großen Herden, sondern leben in kleinen Gruppen zusammen. So konnte in Nevada/USA beobachtet werden, daß Mustangs in Gruppen von maximal 20 Pferden zusammenlebten. In der Namib-Hochebene (Südafrika) leben etwa 2000 Nachkommen entlaufener Hauspferde heute wild. Hier sind kleine Gruppen von 4–8 Pferden die Regel. In diesem Zusammenhang ist erwähnenswert, daß dort eine Pferdeherde beobachtet wurde, die recht einvernehmlich von zwei erwachsenen Hengsten begleitet wurde. Dies ist aber nicht die Regel.

Aus Beobachtungen ergibt sich ferner, daß bei freilebenden Herden die Hengste nicht grundsätzlich immer und überall die „Leitfunktion" ausüben, die in netten „Furygeschichten" unterstellt wird. Bei solchen Darstellungen bleibt unberücksichtigt, daß sich die Herde meist aus 2–4 Stuten, Saugfohlen beiderlei Geschlechts sowie einigen Jungstuten zusammensetzt und in der Regel die älteste Stute Leitfunktionen wahrnimmt – die Herde führt. Der Hengst läuft typischerweise hinter der Herde. In der Paarungszeit und bei Begegnung mit Junghengstrudeln oder älteren Rivalen, z. B. an Wasserstellen, wird der Hengst zum Alpha-Tier. Mit gesenktem Kopf in der sog. Treibhaltung hält er die Herde zusammen und drängt sie in eine bestimmte Richtung – ähnlich dem Verhalten eines guten Hütehundes. Auch bei der Absonderung von heranwachsenden Hengsten der eigenen Herde, meist Zweijährigen, zeigt sich die Leitfunktion des Hengstes. So wird durch dieses Verhalten zu enge Verwandtschaftszucht in der Natur vermieden. Die Junghengste schließen sich zu eigenständigen Rudeln zusammen, wo sie in Rangeleien ihre Kampfkraft trainieren, um dann vielleicht irgendwann in einem echten Rivalenkampf einem Herdenhengst eine Stute abzunehmen – oder die ganze Herde. Ein solcher Wechsel droht ganz natürlich älteren, geschwächten Hengsten.

Gemessen an männlichen Tieren anderer Säugetierarten haben Pferdehengste ein äußerst intensives Fortpflanzungsverhalten. Die dazu gehörenden Rivalenkämpfe werden bereits im Fohlenalter im Spiel (auch mit Stutfohlen) geübt. Die stark geschlechtsgebundene Stimmung der Hengste und Kampfeslust wird besonders deutlich, wenn paarungsbereite Stuten zugegen sind. Hengste orientieren sich an den Stoffwechselprodukten der Stute, aus deren Geruchsstoffen sie den Sexualzustand erkennen.

Rivalenkämpfe zwischen männlichen Pferden (also auch Wallachen) laufen nach typischen Ritualen ab (s. Abb. 10 bis 12):

● Drohen mit tiefem Kopf und angelegten Ohren, einander umkreisend,
● Steigen und Schlagen oder auch Umfassen mit den Vorderbeinen sowie Beißversuche in den Hals,
● Beißen in Hals, Schulter, Brust, Vorderbeine, Widerrist und Kruppe, Flanken, Hinterbeine (bei Flucht des Rivalen),

Abb. 10: Halskampf.

- Niedergehen vorn auf die Vorderfußwurzelgelenke, Beißversuche; Halskampf und sog. „Kreiseln",
- Ausschlagen mit der Hinterhand.

Neben diesen fortpflanzungsbedingten Rivalenkämpfen sind bei Pferden beiderlei Geschlechts vielfältige rangordnungsstiftende Verhaltensformen stark ausgeprägt. In jeder Gruppe entwickelt sich eine Rangordnung aufgrund direkter Kämpfe, Drohung, passiver Unterwerfung oder auch durch Kombination dieser Ausdrucksformen. Stuten kämpfen im wesentlichen durch Beißen und Ausschlagen mit der Hinterhand. Rangbedingte Faktoren sind: Alter, Geschlecht, Gewicht, Kraft, Erfahrung, Geschicklichkeit sowie Mut und Intelligenz. Im Zusammenhang mit der Rangordnung stehen zwei grundsätzliche Verhaltensweisen: Aggression und Unterwerfung. Beim sog. allgemeinen „Hackrecht" entsteht eine lineare Rangordnung, die allerdings bei Pferden durch sog. „Dreiecksverhältnisse" (A hackt B, B hackt C, C hackt A) modifiziert wird nach den Beobachtungen des Verfassers (so auch HECHLER, 1971, und GRÖNGRÖFT, 1972). Ranghohe Tiere genießen Vorrechte, sie dürfen zuerst saufen und wählen die besten Futter- und Schlafplätze.

Ist die Rangordnung einmal geklärt, dann bleibt sie durchweg über einen langen Zeitraum konstant. Durch das ausgeprägte Sozialverhalten und die Vorliebe für „geselliges" Leben sieht man innerhalb der Pferdegruppe typische Freundschaften zwischen rangnahen Pferden. Ausdruck finden solche Freundschaften im gemeinsamen Grasen und vornehmlich bei der sozialen Fellpflege. Dabei beknabbern sich zwei Pferde jeweils an den Partien (Mähnenkamm, Rücken, Widerrist), die sie selbst weder mit den Hufen noch mit den Zähnen erreichen können (s. Abb. 13). Neben solchen Freundschaften, bei denen ein geringer Individualabstand und ganz seltene Rangeleien kennzeichnend sind, gibt es innerhalb von Pferdegruppen auch ausgesprochene Feindschaften. Ausdruck solcher Feindschaften können willkürliche Überfälle des Ranghöheren sein oder auch nur Drohgebärden, sobald der Individualabstand aus der Sicht des Ranghöheren zu gering wird.

Abb. 11: Beiß-Schlag-Kampfspiel.

Die Berücksichtigung der Herdenmentalität, ihr ausgeprägtes Sozialverhalten einschließlich der Möglichkeit, Aggressivität ausleben zu können, muß bei der Haltung unserer Hauspferde gebührend berücksichtigt werden. Es ist einleuchtend, daß die Einzelhaltung der gravierendste Verstoß ist, der gemildert wird, wenn wenigstens andere Weidetiere anstelle der an sich erforderlichen Artgenossen Gesellschaft leisten. Erschreckend ist unter solchen Gesichtspunkten die Praxis der Hengsthaltung, die zu oft nur als lebenslänglich verordnete Einzelhaft qualifiziert werden muß. Daß es auch anders ablaufen kann, zeigen Gestüte und Einzelzüchter mit echtem „Pferdeverstand".

Wenn bereits für ausgewachsene Pferde die Berücksichtigung der Herdenmentalität als unverzichtbar zu gelten hat, so muß dieser Faktor nochmals als fundamental unterstrichen werden, wenn es um die Aufzucht von Fohlen und Jungpferden geht. Völlig unverständlich und eine traurige Konzession an Unbelehrbare ist es, daß beispielsweise Pferdezuchtverbände als Voraussetzung zur Anerkennung von Fohlen nicht das Vorhandensein eines Mindestpferdebestandes fordern (wie es bei anderen Tierarten der Fall ist, z. B. in der Herdbuchzucht der Schafe). Heute kann jeder mit einer Stute aus Einzelhaltung und einem solchen Fohlen Prämien kassieren und Lob einstreichen – für Äußerlichkeiten!

Fohlen und Jungpferde brauchen aber zwingend, neben der täglichen Bewegung an frischer Luft, Gemeinschaft mit gleichaltrigen Artgenossen. Nur diese besitzen den unverzichtbaren Gemeinschaftsspieltrieb, durch den unter naturnahen Bedingungen und Bewegungsanreiz Abhärtung, Muskulatur- und Organentwicklung gefördert werden.

Ältere Pferde sind als Spielgefährten nur bedingt geeignet. Unterschieden werden muß zwischen Jungpferden bis zu einem Alter von vier Jahren und älteren Tieren. Während Jungpferde durchaus noch zu Laufspielen und spielerischen Rangeleien mit den jüngeren Fohlen aufgelegt sein können, nimmt die Neigung hierzu mit zunehmendem Alter rapide ab. Den älteren Semestern gehen die Aufforderungen der Fohlen zu Laufspielen schnell „auf den Wekker", zumal wenn es sich um Exemplare der Robustrassen im engeren Sinne handelt, deren Eigenbewegungsdrang im Vergleich zu hochblütigen Rassen gedämpft ist. Dennoch ist auch die Gemeinschaft mit den Älteren für die Entwicklung eines artgemäßen Herdengemeinschaftssinns wichtig. Die älteren Pferde lehren das Fohlen oder Jungpferd Respekt und Einfügung in die Rangordnung. So wird bereits durch Integration in eine altersmäßig vernünftig strukturierte Pferdegruppe der Grundstein gelegt für eine erfolgversprechende Erziehung des späteren Reitpferdes. Es hat mit artgerechten Mitteln gelernt, sich unterzuordnen und akzeptiert dies. Es wird deshalb den einfühlsamen, aber konsequenten Menschen bei der Erziehung und späteren Ausbildung als Ranghöheren akzeptieren. Einzeln gehaltene Fohlen, die oft auch noch verpäppelt und vermenschlicht aufgezogen werden, sind als spätere Freizeit- und Sportpferde sowohl während der Ausbildung als auch in ihrem gesamten Verhalten problematisch, weil sie nicht artgerecht geprägt sind. Aus Einzelaufzucht stammende Pferde gehören deshalb zu den Vierbeinern, die bei Integration in eine

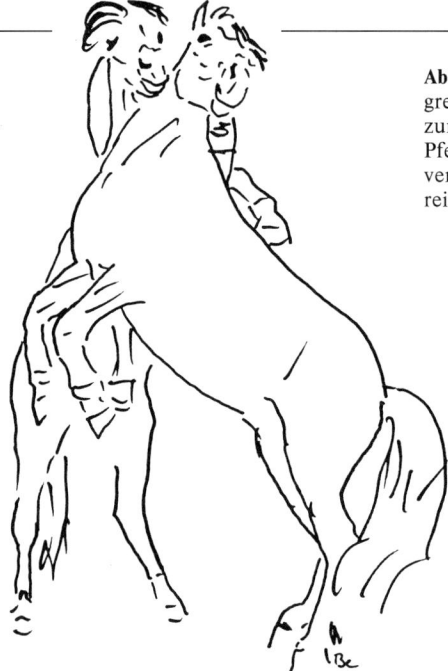

Abb. 12: Eine der Phasen aggressiver Auseinandersetzung zwischen männlichen Pferden (Steigen und Beißversuche in den Halsbereich).

Offenstallgruppe die größten Probleme bereiten, denn sie sind nicht gewohnt, sich „sozial" zu verhalten. Sie haben zwar ihre artspezifischen Instinkte, aber ihnen fehlt die nötige Erfahrung im praktischen Umgang damit. Anders dagegen Pferde, die in der Aufzucht- und Entwicklungsphase artspezifisch geprägt sind, aber durch zwischenzeitliche Haltungsveränderungen, durch eine Ausbildungsphase mit Boxenhaltung u. ä., ein Einzelleben geführt haben. Solche Exemplare lassen sich nach Eingewöhnung recht gut in eine Offenstallgruppe integrieren ohne schwerwiegende psychische und körperliche Probleme.

Um der Forderung nach Berücksichtigung der Herdenmentalität zu genügen, muß deshalb überall dort, wo nur ein Fohlen vorhanden ist, ein zweites dazugenommen werden. Noch besser ist die Abgabe des Absetzers in eine vernünftig gehaltene Aufzucht- und Jungpferdherde eines Gestüts.

Die *Trink- und Freßgewohnheiten* freilebender Pferde werden einerseits bestimmt von Instinkten, von Stoffwechselvorgängen, von anatomischen Faktoren und vor allem vom Lebensraum und dem erreichbaren Nahrungsangebot. Ob in der offenen Steppe oder in bergigen Gebieten, freilebende Pferde wählen ihren Standort innerhalb bestimmter räumlicher Grenzen selbst. Ihr Lebensraum vermag ihnen zu jeder Jahreszeit und unter wechselnden Witterungsbedingungen oft karge, aber ausreichende pflanzliche Nahrung zu bieten, die von ihnen fortlaufend in kleinen Portionen über 10 bis 14 Stunden pro Tag aufgenommen wird. Unsere Hauspferde müssen allerdings mehr leisten als freilebende Pferde oder gar Wildpferde, weshalb die Futteransprüche größer sind. Bau und Funktion des Verdauungsapparates sowie das Futteraufnahmeverhalten sind aber weitgehend unverändert geblieben, weshalb es gilt, die das natürliche Nahrungsaufnahmeverhalten des Pferdes bestimmenden Faktoren bei der Haltung zu berücksichtigen. Es sind dies:

• Nahrungsaufnahme mit Bewegungsaktivität,
• Selektionsmöglichkeit,
• Ausgiebige Kautätigkeit und Einspeichelung,
• Langdauernde Beschäftigung mit der Nahrungsaufnahme und -suche,
• Kontinuierliche Aufnahme kleiner Portionen unter Einschaltung kleinerer Futterpausen,
• Aufnahme größerer Mengen Tränkwasser nach der Futteraufnahme.

Auftretende Fütterungsfehler (s. Tab. 1), verursacht durch mangelnde Berücksichtigung der natürlichen Faktoren, führen zu Erkrankungen des Magen-Darm-Traktes (Kolik), zur gefürchteten Hufrehe und zum Verschlag und – leider gar nicht so selten – zum Verlust von Pferden.

Tabelle 1: Häufigste Fütterungsfehler und ihre Folgen (modifiz. nach LÖWE/MEYER, 1979)

Ursache	Wirkung
zu rohfaserarme, stärkereiche Futtermittel (Weizen, Roggen)	Fehlgärungen, Verkleisterungen im Magen
zu starke Fütterung sperriger, rohfaserreicher Futtermittel (Stroh)	Magen-/Darmverstopfungen (Obstipationen)
zu starke Fütterung von blähendem Futter (Äpfel, Brot, Klee, Kohl, junges Grünfutter)	Gasbildung im Blinddarm/Trommelsucht
überhöhte Mengen an Futtermitteln mit hohem Mg- und P-Gehalt (Kleien, Nachmehle)	Darmsteinbildung
verschimmeltes Futter, ungenügend abgelagertes Heu, verschmutzte Futtermittel	Magen-/Darmkatarrhe, Hufrehe, Sandkolik
zu kurz geschnittenes Gras (Rasenmähergras)	Darmverfilzungen, -verstopfung
nicht genügend eingeweichte Trockenschnitzel	Schlundverstopfung, Magenüberladung
zu fein gemahlenes Futter	Schlundverstopfung
zu wenig Mahlzeiten oder zu große Kraftfuttermengen pro Mahlzeit	Hufrehe, Magenüberladung
plötzlicher Futterwechsel	Hufrehe
zu starke körperliche Belastung nach der Fütterung	Hufrehe, Magenriß
zu wenig Bewegung bei guter Fütterung	Hufrehe, pathologische Fettsucht
Wassermangel	Eindickung des Darminhaltes, Verstopfung

Ohne an dieser Stelle alle Details erörtern zu wollen, soll zumindest kurz am Beispiel des Pferdemagens dargestellt werden, wie wichtig die Berücksichtigung natürlicher Gesetzmäßigkeiten ist:

im Normalfall in den Darmtrakt passieren.

Werden diese Vorgänge gestört, z. B. durch übermäßige Arbeit des Pferdes nach der Fütterung, durch starke Unruhe oder hastige Futteraufnahme sowie

Abb. 13: Soziale Fellpflege zwischen zwei rangnahen Pferden.

Da auf kontinuierliche Aufnahme kleiner Futtermengen eingerichtet, ist das Magenvolumen mit einem Fassungsvermögen von z. B. max. 20 Litern bei Großpferden ziemlich klein. Die in die Magenwand mündende Speiseröhre besitzt einen Schließmuskel, der sich – abhängig vom Magenfüllungsdruck – reflexartig öffnet oder schließt. Bei Magenüberladung kommt es gerade dann, wenn ein Erbrechen nützlich wäre, zum Verschluß. Ein Erbrechen des Mageninhalts ist nicht möglich.

Damit die Verdauungsvorgänge im Magen ungestört ablaufen können, muß zunächst in der Maulhöhle durch die Backenzähne eine starke Zerkleinerung des aufgenommenen Futters stattfinden. Durch den Kauprozeß wird die Tätigkeit der Speicheldrüsen angeregt und das Futter je nach seiner Struktur eingespeichelt. Dadurch wird das Futter u. a. durchweicht und schluckfähig. Im Magen wird der Futterbrei weiter durch Magensaftsekretion verflüssigt und kann

zu große Kraftfutterrationen oder auch größere Mengen geschroteten Futters, so setzt sich eine bakterielle Zerlegung des Futters fort mit starker Gas- und Druckbildung im Magen. Solche Fehlgärungen können bis zum Magenriß und zum Verlust des Pferdes führen.

Als pflanzenfressende Fluchttiere unterscheiden sich die *Schlaf- und Ruhegewohnheiten* unserer Pferde ganz erheblich von den Gewohnheiten, die wir von anderen Haustieren, z. B. unseren Hunden, kennen. Während fleischfressende Raubtiere, also die Vorfahren unserer Haushunde, kurze, intensive Freßzeiten nach mehr oder weniger langdauernder Jagd der Beute pflegen mit darauf folgenden sehr langen Ruhe- und Schlafzeiten, oft in warmen Höhlen u. ä., verhält es sich bei den Pflanzenfressern genau umgekehrt.

Freilebende Pferde bevorzugen ganz eindeutig für die relativ kurzen Schlafzeiten und für ihre Ruhepausen offenes

Abb. 14: Tiefschlaf in Seitenlage.

Gelände und – so vorhanden – Hügel, die dem Wind ausgesetzt sind. Das wird erklärlich, wenn man bedenkt, daß so auch das Sicherheitsbedürfnis am ehesten befriedigt wird. Durch die Luftbewegung werden Geräusche und Gerüche besser wahrgenommen. Hinzu kommt, daß durch die Luftbewegung an solchen Plätzen die Insektenplage geringer ist und in der feuchten oder kalten Jahreszeit Hügel oder andere windbestrichene Plätze trockener sind als Absenkungen, in denen sog. „Kaltluftseen" oder „Nebelbänke" entstehen. EBHARDT (1954, 1956) berichtet über solche Verhaltensweisen bei freilebenden Islandpferden, die schon am ersten Tag der Beweidung eines neuen Areals durch kurzes Abweiden der Narbe damit begannen, einige windbestrichene Hügel als Schlafplätze einzurichten, die sie dann auch die gesamte Weideperiode lang einhielten. Vermutlich ist sogar die Virulenz von Krankheitserregern in bewegter Luft geringer im Vergleich zu stehender.

Die Schlafdauer ist bei Pferden sehr unterschiedlich lang und hängt wesentlich vom Alter ab. Dabei muß bedacht werden, daß bei Pferden drei unterschiedliche Intensitätsgrade des Schlafs, verbunden mit jeweils anderen typischen Schlafstellungen, zu beobachten sind (s. Abb. 14 u. 15).

Abb. 15: Pferdeherde bei der Mittagsruhe. Die erwachsenen Pferde dösen im Stehen, ein Fohlen döst in Kauerstellung, das andere Fohlen schläft in Seitenlage.

Abgesehen von sog. „infantilen Ruhestellungen", die nur bei Fohlen zu sehen sind, schlafen Pferde

- im Stehen, wobei dieses sog. „Dösen" der schwächste Intensitätsgrad ist, zeitlich allerdings die längste Ruhephase darstellt,
- in der Bauchlage (Kauerstellung), bei der die Pferde mit untergeschlagenen Beinen und frei getragenem oder aufgestütztem Kopf leicht schlafen und
- in der Seitenlage mit weggestreckten Beinen (Tiefschlafphase).

Nach langjährigen Beobachtungen des Verfassers beträgt die Dauer der Tiefschlafphase bei älteren Pferden (ca. 12–16 Jahre) nachts – und im Sommer auch nachmittags – insgesamt weniger als 2 Stunden. Bei Fohlen dagegen kann diese Phase unregelmäßig über 24 Stunden verteilt dreimal so lang sein. Die gesamte Ruhezeit kann auch bei älteren Pferden 8 bis 12 Stunden betragen, je nach Haltungsumfeld, Futterangebot, klimatischen Bedingungen und Außenreizen sowie in Abhängigkeit von der Rangordnung.

HASSENBERG hat Studien zum Ruhe- und Schlafverhalten durchgeführt. Wissenswert ist, daß das Aufsuchen des Schlafplatzes (Niederlegen) bereits beim Pferd den psychischen Ruhezustand einleitet. Deshalb ist, um Streßeinwirkungen zu vermindern, der Schlafplatz auch durch den Pferdehalter zu achten. Das „Aufscheuchen" von ruhenden Pferden sollte unbedingt vermieden werden, um die Regenerierung nicht zu stören.

Vor dem Hinlegen sieht man bei Pferden immer ähnlich ablaufende Scharr- und Drehbewegungen. Sie weisen auf das Bedürfnis einer Vorbereitung des Schlafplatzes hin. Bei zugleich beginnendem Zusammenknicken der Extremitäten mit auf den Ruheplatz gerichtetem Kopf legen sich Pferde zuerst vorn nieder (abwechselndes Einknicken der Vorderextremitäten und abruptes Fallenlassen des Hinterkörpers, s. Abb. 16). Das Aufstehen läuft dann umgekehrt ab. Pferdehalter müssen diese Abläufe kennen, um bei Festliegen oder Unfällen das Aufstehen oder Niederlegen des Pferdes unterstützend betreiben zu können.

Während der Ruhephasen ist bei allen Pferden verhältnismäßig geringe Individualdistanz zu beobachten, die bei Stuten mit Fohlen bis zum Körperkontakt verringert wird (auch zu beobachten bei eng befreundeten Pferden). In besonders lebhaften Beständen mit Rangordnungsgeplänkeln sind die Individualabstände größer, sie betragen in den Ruhephasen zwei bis drei Pferdelängen zwischen stark rangunterschiedlichen Tieren.

Als Konsequenz für Offenställe muß das Flächenangebot wesentlich größer sein, je unausgeglichener die Pferdegruppe ist. Bemerkenswert ist hierbei, daß Pferde zum Dösen in der Mittagszeit gerne gemeinsam den Stall aufsuchen, aber die Tiefschlafphase in Seitenlage in der Regel außerhalb des Stalles verbringen.

Rassen und ihre Unterschiede in Anatomie, Physis und Psyche

Ausgehend von der Einteilung der Hauspferde nach EBHARDT sollen im folgenden rassebedingte Unterschiede beschrieben werden. Dabei hat sich die Orientierung an den vier sog. „Skelettfunktionstypen" (s. Abb. 4–7) zur Veran-

Abb. 16: Ablaufphasen beim Aufstehen und Ablegen (nach FLADE/HASSENBERG): a) Aufstehen, b) Niederlegen.

schaulichung der Unterschiede bewährt. Ob Vertreter dieser Skelettfunktionstypen, die keine „Rassen" darstellen, tatsächlich Urahnen unserer Hauspferde sind (Polyphyletische Theorie), ist wissenschaftlich umstritten. Eine Reihe von Wissenschaftlern (HERRE, RÖHRS, NOBIS) glaubt belegen zu können, daß allein das mongolische Przewalskipferd (s. Abb. 3) der Stammvater aller heutigen Pferderassen ist (Monophyletische Theorie). Sie vertreten die Meinung, daß sich aus dieser Urwildpferdform mit vielgestaltigem Erbgut alle Pferderassen entwickeln konnten. Insbesondere NOBIS hat hierzu umfangreiches, beeindruckendes Material vorgelegt. Abgesehen von den Ursprungstheorien der Domestikationsforscher kommen die den Skelettfunktionstypen zugeschriebenen Merkmale in differenzierter Vermischung bei unseren heutigen Hauspferden vor.

Die Einteilung der Pferderassen nach Kriterien, die für ihre Haltung wichtig sind, geschieht primär nach dem Her-

kunftsgebiet. Grob kann unterteilt werden in:
- Pferde der Kaltklimazone (Nordpferdetypen, s. Abb. 17),
- Pferde der Warmklimazone (Südpferdetypen, s. Abb. 18).

Nordpferdetyp

Herkunftsgebiet:
Regenreiche Hügelländer und Inseln sowie kalte, schneereiche Flachlandgebiete und Hochgebirgstäler Eurasiens.
Haut und Behaarung:
Starke Haut mit Fettansatztendenz; im Sommer kräftige Kurzbehaarung des Fells, im Winter dichte Unterwolle und Langbehaarung des Fells; kräftiges, langwachsendes Deckhaar (Mähne, Schweif, Fesselbehang).
Klimatoleranz:
Sehr große Kältetoleranz; Hitzetoleranz mäßig; Widerstandsfähigkeit gegen Schnee und Regen gut.
Ernährung und Stoffwechsel:
Rauhfutterverwerter aufgrund kräftiger Kiefer und starkem Freßtrieb; im Erhaltungszustand keine oder nur geringe Kraftfutterzufütterung erforderlich; Ansatztyp.
Widerristhöhe/Kaliber:
Klein bis mittelgroß, bis Stockmaß 150 cm; Verhältnis von Rumpftiefe zur Beinlänge und Körpergröße komprimiert, gedrungen, rundrippig.
Temperament und Bewegung:
Verhalten lebhaft bis ruhig-phlegmatisch; bedächtiger Fluchttrieb; selbstbewußt-mutig; bevorzugte Gangarten Schritt und Trab oder Tölt.
Herdenmentalität und Sozialverhalten:
Stark herdenbezogen; nach Festigung der Rangordnung gute Verträglichkeit bei geringem Individualabstand.
Anatomische Merkmale:
Keilförmiger Kopf mit breiten Kiefern und geradem Nasenrücken; kurzer bis mittellanger Hals; kurzer bis mittellanger Rücken; runde oder abgeschlagene Kruppe; tiefe, breite Brust; stämmiges Röhrbein; gewinkelte Hinterhand – auch kuhhessige Stellung; oft breite, eher weiche Hufe.
Rassen:
Kleine Ponyrassen (z. B. Shetlands); große Ponyrassen (z. B. Isländer, Fjord, Haflinger, Connemara); Kaltblüter.
Eignung zur Offenstallhaltung:
Sehr gut.

Südpferdetyp

Herkunftsgebiet:
Warme Länder und Trockensteppen Eurasiens, Nordafrikas und der arabischen Halbinsel.

Abb. 17: Pferde der Kaltklimazone.

Abb. 18: Pferde der Warmklimazone.

Haut und Behaarung:
Feine, empfindliche Haut; im Sommer feine Kurzbehaarung des Fells, im Winter sehr dicht, aber relativ kurz bei mäßiger Unterwolle; Deckhaar (Mähne, Schweif, Fesselbehang) fein, nicht üppig-dicht.
Klimatoleranz:
Große Hitzetoleranz; Kältetoleranz gut (trockene Kälte); Widerstandsfähigkeit gegen feuchte Kälte mäßig bis schlecht.
Ernährung und Stoffwechsel:
Rauhfutterverwerter mit obligatorischem Kraftfutterbedarf; Atmungstyp.
Widerristhöhe/Kaliber:
Mittelgroß bis sehr groß, 150–180 cm Stockmaß; Verhältnis von Rumpftiefe zur Beinlänge und Körpergröße ausgeglichen, schlankwüchsig, flachrippig.
Temperament und Bewegung:
Sehr lebhaft bei großer Bewegungsaktivität; sensible, betonte Wachsamkeit; ausgeprägter Fluchtreflex; bevorzugte Gangart Galopp.
Herdenmentalität und Sozialverhalten:
Herdenbezogen mit individualistischer Tendenz zur Kleingruppe; nach Festigung der Rangordnung gute Verträglichkeit bei genügend Individualabstand.
Anatomische Merkmale:
Langer bis mittellanger Kopf mit schmalen Kiefern und geradem oder gebogenem Nasenrücken; langer, dünner Hals; kurzer bis langer Rücken; runde oder gerade Kruppe; schmale bis mittelbreite Brust; genügend kräftiges bis feingliedrig-dünnes Röhrbein; gut gewinkelte bis steile Hinterhand; Hufe oft schmal und hart, manchmal auch weit und weich.
Rassen:
a) Warmblüter
b) Vollblutaraber (oA/ox)
c) Vollblüter (xx), Traber und Araber (Angloaraber, Halbblüter)
d) Sonstige hochblütige Rassen oder Kreuzungen sowie Westernpferde.
Eignung zur Offenstallhaltung:
Gut für Freizeitpferde sowie Zucht- und Jungpferde; mäßig für Ganzjahres-Sportpferde.

Die Haltung im Offenstall

Haltungsvoraussetzungen, Leistungsanforderungen und ihre Konsequenzen

Als Konsequenz aus der Forderung nach artgemäßer Tierhaltung, basierend auf ethischen und tierschutzrechtlichen Erwägungen, ergibt sich für das Pferd zwangsläufig als optimale Haltungsform die Offenstallhaltung mit Auslauf und Weide. Bei dieser Haltungsform leben die Pferde ganzjährig im Freien, sie bewegen sich nach Belieben beim Beweiden der Koppeln oder in einem Auslauf, wenn die Weide gesperrt wird. Zu jeder Zeit, ob im Sommer oder im Winter, ob während der Weidezeit oder der vegetationsarmen Zeit der Weidesperrung und Zufütterung, haben sie Zugang zu einem genügend großen Offenstall, der dreiseitig geschlossen ist (Öffnung nach Süden mit langem Dachüberstand) und ihnen Schutz und eine trockene Liegefläche bietet. Im Gegensatz dazu steht die ausschließliche Stallhaltung, wie sie insbesondere von stadtnahen Reitställen praktiziert wird. Bei dieser Art abzulehnender Verwahrhaltung werden nahezu sämtliche Lebensvorgänge des Pferdes durch menschliche Entscheidungen mehr oder weniger stark vorgegeben oder beeinflußt. Durch mangelnden Klimareiz leidet das Thermoregulationsvermögen der so gehaltenen Pferde, sie verweichlichen und werden anfälliger für Krankheiten. Bei gleichbleibender Stallwärme sinkt der Hämoglobingehalt des Blutes und hebt u. a. auch den durch Arbeit erzielten Trainingseffekt teilweise wieder auf.

Die Vorteile der naturnahen Haltung im Offenstall mit Auslauf und Weide sind u. a.:

- Optimale Befriedigung der natürlichen Bedürfnisse des Pferdes
- Abhärtung und gesundheitliche Resistenz
- Schnelles Thermoregulationsvermögen
- Hoher Hämoglobingehalt des Blutes und damit Leistungssteigerung
- Anpassungsfähiger Stoffwechsel
- Psychische Ausgeglichenheit
- Gesunde Gelenke und Sehnen, spannungsfreie Muskulatur
- Fortfall starker zeitlicher Bindungen zur täglichen Bewegung unter dem Reiter

Nachteile im eigentlichen Sinne in bezug auf das Pferd hat die Offenstallhaltung keine. Allerdings können bei einseitiger Betrachtung durch Befürworter der reinen Stallhaltung sehr wohl vermeintliche Nachteile gegenüber der Stallhaltung herausgefunden werden. Diese angeblichen Nachteile resultieren aber ausschließlich aus überzogenen, nicht tiergerechten menschlichen Erwartungshaltungen.

So bringt die Offenstallhaltung durch ihre direkte Einbindung in die Natur für den Halter gegenüber der Stallhaltung Einbußen im Hinblick auf Behaglichkeits- und Komforterwartungen. Auch ist der Zeitbedarf – je nach Organisation

Tabelle 2: Die wesentlichen Voraussetzungen zur Offenstallhaltung

Pferdegruppe	Räumliche Haltungsvoraussetzungen	Fütterungs- und Pflegetechnik	
		Sommer	*Winter*
A. Zuchtstuten B. Absatzfohlen C. Jungpferde D. Sportpferde mit geringer Leistung*⁾	Bei großflächigen Weiden mindestens dreiseitig geschlossener, trocken eingestreuter Offenstall; ca. 10 m² Fläche je Zuchtstute; zweckmäßig 16 m² große Not- oder Abfohlbox; Befestigung vor dem Stalleingang; bei kleinen Weideflächen ist zusätzlich angrenzend an den Offenstall ein separater Auslauf erforderlich.	Zeitlich unbegrenzter Weidegang, KNZ-Salzleckstein, Wasser, Impfungen, Hufpflege, regelmäßige Kontrolle; evtl. je nach Trächtigkeit und Futterzustand Kraftfutter und Mineralstoffergänzung; Weidegang bei sehr fetten Weiden für Ponys zeitlich begrenzen und zur Beschäftigung etwas Haferstroh vorlegen.	– wie Sommer – statt Weidegang oder zusätzlich zur Winterweide (nur wenn große Flächen vorhanden) qualitativ gutes Heu (kann ad libitum, also ohne Zuteilung, zur beliebigen Aufnahme vorgelegt werden) plus ausreichend Kraftfutter abhängig von Außentemperatur und Trächtigkeit! Bei zur Verfettung neigenden Ponys Rationen zuteilen (Ausnahme: Absatzfohlen, sie sind im 1. Winter sehr gut mit Heu und Fohlenstarter – FS 16 – zu versorgen).
E. Sportpferde mit mittlerer Leistung**⁾	Offenstall mit angrenzendem Sandauslauf; zusätzliche Box sehr zweckmäßig und anzuraten!	begrenzter Weidegang und Kraftfutter nach Leistung und individuellem Futterzustand, KNZ-Salzleckstein, Impfungen, Hufbeschlag, regelmäßige Kontrolle und Putzen vor Sattelung, um Druckstellen durch Sand, Erde etc. zu vermeiden.	– wie Sommer – statt Weidegang oder zusätzlich zur begrenzten Winterweide gutes Heu und ausreichend Kraftfutter, Mineralstoffergänzung, evtl. Vitamine je nach Futterqualität. Nach der Arbeit zunächst im Stall halten!
F. Sportpferde mit hoher Leistung***⁾	Offenstall mit obligatorischer Box und Sandauslauf	– wie E. –	– wie E. –

*) Typische Wochenendpferde zum Wanderreiten (tgl. 2 Std. mäßiges Tempo)
**) Allroundfreizeitpferde mittlerer Beanspruchung (Wanderreiten, Springen, Dressur und Distanz)
***) Turnierpferde mit regelmäßigem Einsatz vornehmlich i. d. warmen Jahreszeit (Springen, Dressur, Distanz)

der Offenstallhaltung und Zuschnitt der räumlichen Verhältnisse – möglicherweise höher. Das wird klar, wenn man bedenkt, daß allein der Zugriff auf die Pferde zum Reiten, ihre Vorbereitung durch Putzen usw. bei der Stallhaltung viel schneller möglich ist. Bei Offenstallhaltung muß u. U. im Sommer das betreffende Pferd erst von der Koppel geholt und zum Verdauen eine gewisse Zeit im Auslauf ohne Futter gehalten werden. Während dieser Zeit können dann andere Haltungsarbeiten verrichtet und das Pferd ausgiebig geputzt werden. Es ist letztlich alles eine Frage der vernünftigen Organisation und der Einstellung. Offenstallhaltung mit allem was dazugehört ist schon für sich betrachtet – ohne eine einzige Stunde im Sattel – „Sport", also gesunde körperliche Bewegung an frischer Luft. Das spart vielfach die Joggingrunden oder gar den Besuch im Fitneß-Center zur Muskelbildung mit Kraftmaschinen. Wer das tägliche Aufsammeln von „Pferdeäpfeln" in Offenstall, Auslauf und Koppel beispielsweise als lästige Arbeit ansieht und nicht als durchaus nützliche Bewegung für sich selbst, muß einmal überlegen, ob seine Vorliebe nicht besser auf andere, einfacher zu haltende Tiere gemünzt sein sollte. Nur kann man Goldhamster nicht reiten...! Aber ernsthaft, hier hilft nur vernünftige Konsequenz, die dazu führt, alle mit der Offenstallhaltung zusammenhängenden Arbeiten im Hinblick auf angenehme Ausritte, Gespannfahrten und Erlebnisse als sinnvolle Freizeitbeschäftigung einzuordnen.

Im Hinblick auf die Nutzung der im Offenstall gehaltenen Pferde sind Differenzierungen notwendig, die sich aus dem natürlichen Rhythmus der Jahreszeiten zwangsläufig ergeben. Berücksichtigt werden müssen hierbei auch rassebezogene Besonderheiten. Im Offenstall gehaltene Pferde, vom Pony bis zum Vollblutaraber, legen sich – beginnend im Herbst – ein mehr oder weniger langes Winterhaarkleid zu. Das ist die Zeit des Haarwechsels, die Sommerhaare fallen also aus, es wachsen Winterhaare, die wiederum im Frühjahr dem Sommerhaar weichen. Diesen Prozeß muß der Pferdehalter/die Pferdehalterin durch regelmäßiges Putzen unterstützen, um damit auch einem Scheuerdrang vorzubeugen.

Durch dieses Winterhaar, das bei hochblütigen Pferden weniger lang als eher pelzig ist, wird der Pferdekörper vor Nässe weitgehend geschützt, da Regen z. B. erst nach längerer Einwirkung bis auf die eigentliche Haut vordringen kann. Ein allzu scharfes Putzen sollte deshalb in der feucht-kalten Jahreszeit unterbleiben, damit die Fettbestandteile im Haarkleid ihre Wasserableitungsfunktion behalten. Nur am Rande sei auf eine Selbstverständlichkeit verwiesen: Niemals dürfen Fesselbehaarung oder Schweifrübenbehaarung beschnitten werden (auch nicht im Sommer!), da sonst die Nässeableitungsfunktion nachhaltig gestört wird und Erkrankungen an Mauke usw. unweigerlich folgen (mit entsprechenden Bewegungsstörungen und Nutzungseinschränkungen).

Nachteilig ist die Winterbehaarung bei der Arbeit mit Pferden in der feucht-kalten Jahreszeit, die Pferde schwitzen stärker und müssen nach der Arbeit zunächst die Möglichkeit erhalten, sich im Sandauslauf zu wälzen. Danach sind sie im Offenstall anzubinden oder im durch Stangen u. ä. verschließbaren Offenstall mit Wasser und Futter einzusperren. Für regelmäßig auch in der feucht-kalten Jahreszeit zu Sportzwecken eingesetzte Pferde hat sich eine zum vorübergehenden Aufenthalt geeignete Box neben dem Offenstall bewährt. In jedem Fall sind stark verschwitzte Pferde auf dem Rücken mit Stroh einzupacken. Darüber wird eine Decke ordentlich verzurrt. Ohne Stroh wirkt die Pferdedecke wie ein feuchter Wickel; dies ist nicht zu empfehlen. Im Einzelfall können auch im Handel erhältliche Spezialdecken gute Dienste leisten. Man kommt dann u. U. auch ohne Stroh aus, wenn die Schweißabsonderung mäßig ist.

Nach dem Trocknen, nach ca. 1–2 Stunden, wird gebürstet. Je nach den herrschenden Witterungsverhältnissen und dem Abhärtungsgrad des Pferdes kann es dann nach geraumer Zeit wieder ohne Eindeckung frei herumlaufen. Wichtig ist, daß man genau beobachtet, evtl. auch das aufgepackte Stroh zwischendurch ersetzt und selbst mit der Hand nachfühlt, ob das Pferd noch zittert und naß ist.

Das mag alles aufwendig klingen, ist aber nach kurzer Erfahrungszeit bereits Routine und funktioniert. Probleme kann es geben, wenn der Offenstall nicht mindestens dreiseitig zugfrei geschlossen ist (Öffnung immer zur wind- und regenärmsten Seite, nie nach Norden). Zugluft ist nicht gleichzusetzen mit allgemeiner Luftbewegung, also dem Wind (den Pferde lieben!). Zugluft ist vielmehr eine begrenzte Luftströmung, die z. B. zwischen Stallritzen auftritt, die Temperatur in diesem Bereich unter das Stalltemperaturniveau drückt und nur einen kleinen Teil der Körperoberfläche beim Auftreffen abkühlt. Die kleinen, also partiellen Kältereize reichen aber nicht aus, um die dem Organismus zur Verfügung stehenden schützenden Regulatoren auszulösen. Deshalb kann Zugluft zu Erkrankungen führen, insbesondere dann, wenn Pferde schweißnaß

sind. Die baulichen Anforderungen an eine Offenstallanlage für auch in der feucht-kalten Jahreszeit regelmäßig sportlich eingesetzte Pferde sind deshalb wesentlich höher als die Anforderungen an eine Anlage, die für eine Aufzuchtgruppe vorgesehen ist. Beispielsweise müssen Offenstallwände und vor allem die Decken der Anlagen für Sportpferde zur Eindämmung von Schwitzwasserbildung entsprechend isoliert werden. Eine ausschließliche Eternit-Wellplatteneindeckung reicht z. B. hierfür nicht aus; zusätzlich muß darunter eine Holzdecke eingezogen werden. Einzelheiten werden im Kapitel „Offenstallbau" besprochen.

Als einfache Faustregel gilt auch und gerade für die Praxis der Offenstallhaltung: Je mehr Leistung man von seinen Pferden erwartet, desto aufwendiger wird die Haltung. Das betrifft den bereits erwähnten Mehraufwand für die Stallanlage, den zeitlichen Mehraufwand, die konzentriertere Fütterung und die gesamte Organisation des Haltungsalltags. Die – oberflächlich betrachtet – einfache „Rein-Raus-Methode", wie sie bei der Offenstallhaltung von Zuchtpferdegruppen pferdegerecht und arbeitssparend ist, kann nicht ohne Schaden einfach auf Sportpferde übertragen werden. Davor ist zu warnen. Es ist demnach nicht möglich, Sportpferde bedenkenlos beliebig viel grasen zu lassen, sie sozusagen auf der Weide schnell zu satteln und dann „loszupreschen", anschließend dann naß bei feucht-kalter Witterung wieder hinauszulassen und sich an die Brust zu klopfen im Bewußtsein, jetzt eine „naturgemäße Haltung" zu praktizieren! Es gibt leider solche Praktiken, sie resultieren entweder aus Unwissenheit oder sträflicher Faulheit und haben mit einer pferdegerechten

Offenstallhaltung nichts zu tun. Hier handelt es sich um tierschutzrechtlich sehr bedenkliche „Pseudo-Robusthaltungen". Auch die unter natürlichen Bedingungen außerordentlich witterungsharten Nordpferdetypen, z. B. Isländer, vertragen auf Dauer eine solche Haltung nicht.

Bei Sportpferden, egal welcher Rasse, muß das Futtervolumen begrenzt werden (im Sommer nur begrenzter Weidegang, ca. 6-7 Stunden), bei Kraftfutterzufütterung und entsprechender Wartung nach der Arbeit. *Vor* jeder Arbeit muß eine futterlose Verdauungspause eingeplant werden, die nach sechsstündigem Weidegang ca. 1-2 Stunden dauern sollte, um bei der Arbeit z. B. einen Magenriß zu vermeiden!

Bei Beachtung einiger unverzichtbarer Grundregeln, verbunden mit individueller Beobachtung seiner Pferde, ist auch die Offenstallhaltung von Sportpferden aller Rassen nicht kompliziert. Allerdings ist diese Haltung auch nicht „unkompliziert schlechthin" - wie gelegentlich in zwar wohlmeinenden, aber unkundigen Beiträgen selbst in Fachzeitungen zu lesen ist.

Es gibt Grenzen der Offenstallhaltungsmöglichkeit - das soll hier klar gesagt werden. Sie sind dort zu suchen, wo die Nutzungsansprüche mancher Profireiter ein diskutables Maß gänzlich verlassen, weil diese Ansprüche eine pferdegerechte Haltung unter natürlichen Bedingungen gleichzeitig ausschließen. Es ist also nicht möglich, Pferde ihrer Art entsprechend naturnah zu halten, wenn ganzjährig von ihnen Leistungen unter unnatürlichen Bedingungen verlangt werden. Hierzu gehören die insbesondere von Spring- und Dressurprofis ausgetragenen Winter-Hallen-Turniere. Sie sind Ergebnis einer rein auf sportliche Faktoren ausgerichteten verengten Sicht und stellen nach Auffassung des Verfassers eine Verirrung dar, weil der Anspruch des Pferdes auf der Strecke bleibt. Es muß nämlich zwangsläufig so „künstlich" gehalten werden, daß Verfügbarkeit, Trainingszustand, Kurzfelligkeit und Hallenklimaakzeptanz dem Sportziel entsprechen. Wer käme im Vergleich dazu schon auf die Idee, auf einer zugefrorenen Wasserfläche im Winter Ruderwettbewerbe veranstalten zu wollen oder auf grüner Wiese wettbewerbsmäßig Skilanglauf zu betreiben? Selbst wenn man dies zur Unzeit täte, den Skiern tät's nicht weh...!

Tabelle 2 auf Seite 37 enthält schematisch die wesentlichen Voraussetzungen zur Haltung unterschiedlich beanspruchter Pferde im Offenstall.

Umstellung von der Stallhaltung auf die Offenstallhaltung

Für die Umstellung bisher überwiegend oder gar ausschließlich im Stall gehaltener Pferde gibt es kein Patentrezept, denn sowohl die örtlichen Verhältnisse (Haltungsanlage, Gruppenzusammensetzung, Qualität des Weidelandes, Zaunanlage usw.) als auch die individuellen Prägungen des Pferdes, seine Witterungsverträglichkeit, sein Sozialverhalten usw. sind erklärlicherweise unterschiedlich. Man kann auch nicht generell alle Exemplare einer Rasse gleich einschätzen. Die Erfahrung zeigt, daß es unter den Vertretern der nordischen Ponyrassen einerseits empfindliche Typen gibt, andererseits aber bei Warmblütern oder auch Vollblütern, Trabern usw. außerordentlich robuste Exemplare anzutreffen sind.

Neben den witterungs- und gruppenbezogenen Faktoren sind überdies ernährungsphysiologische Vorgänge zu beachten. Stallpferde haben aufgrund weitgehend grasloser Ernährung eine andere Darmflora. Sie sind auf Rauhfutter (Heu und Stroh) sowie größere Mengen Kraftfutter eingestellt. Eine abrupte Umstellung auf Weidegang führt deshalb u. a. wegen des geringen Rohfasergehaltes der Gräser und Leguminosen zu Durchfällen oder gar zu Hufrehe, wenn die Weide zu „fett" ist und die aufgenommene Futtermenge zu reichlich bemessen ist. Aber selbst für weidegewöhnte Pferde ist die stickstoffgetriebene reine Grasweide nur von Übel; hier ist Vorsicht geboten.

Die Umstellung muß stufenweise geschehen und kann erst nach einem Jahr als abgeschlossen gelten, wenn sämtliche Jahreszeiten sowie die unterschiedlichen Fütterungsübergänge und auch die Eingewöhnung in die jeweilige Pferdegruppe durchlaufen sind. Zu unterscheiden sind demnach drei Umstellungskomplexe, die unter Beachtung der folgenden Grundregeln sowie individueller Abwägung und Beobachtung durchweg erfolgreich und im Grunde unproblematisch absolviert werden können:

Die *Haltungsumstellung* sollte in jedem Fall möglichst im Frühjahr oder Sommer beginnen, so gewöhnt sich der Vierbeiner schnell an die natürliche Witterung. Besonders empfindliche Pferde aus Stallhaltung sperrt man für eine Übergangszeit (z. B. bei Regenperioden oder sogar noch im ersten Herbst und Winter) nachts in eine Box. Es hat aber wenig Sinn, zu ängstlich zu sein, denn zum Winter legen sich alle Pferde (dazu besitzen sie die genetische Anlage) einen Pelz zu – und trockene Kälte vertragen selbst die hochblütigsten Vierbeiner sehr gut. Bei Nebel, stetiger Nässe und extremem Wind empfiehlt sich in der Umstellungsphase dagegen größere Fürsorglichkeit. Letzteres gilt insbesondere für die Betreuung der „Abhärtungsaspiranten" nach getaner Arbeit. Sie gehören immer in eine zugfreie Box – ordentlich eingedeckt und kontrolliert. Nach dem Trocknen kann man sie zu den übrigen Pferden kurzzeitig entlassen, sollte aber danach während der Umstellungsphase für die Nacht der Box den Vorzug geben. Ausnahmen können z. B. Isländer oder Fjordpferde sein, die sich in der Umstellung befinden und bereits gute Resistenz zeigen. Aber das ist alles Beobachtungssache. Bequemlichkeit zahlt sich in diesem Punkt nicht aus.

Auch die *Futterumstellung* muß langsam vor sich gehen. Man beginnt mit halbstündigem Weidegang bei fortdauernder Zufütterung von Heu oder Haferstroh sowie etwas reduziertem Kraftfutter je nach Futterzustand, Temperament und Leistung. Ponys ziehe man nach Beginn der Umstellung auf Weide mehr Kraftfutter ab als Großpferden, da bei ihnen im Regelfall das Weidefutter – insbesondere aufgrund ihres geringeren Eigenbewegungsdrangs – stärker ansetzt und sie auch viel intensiver fressen. Innerhalb mehrerer Wochen erhöht man langsam die Grasungszeit und zieht dafür einen Teil der Heuration ab (pro Stunde Weidezeit bei durchschnittlicher Weide kann 1 kg Heu abgezogen werden). Die Umstellung auf den Winter geschieht ähnlich durch Verkürzen der Weidezeit über mehrere Wochen und verstärkter Zufütterung von Rauhfutter. Natürlich muß auch stets genügend Tränkwasser bereitstehen. Es ist nicht selbstverständlich, daß Stallpferde sozusagen von selbst Weidekolbenpumpen (s. Abb. 19) bedienen können oder aus einem Bach Wasser aufnehmen. Hieran sind sie zu gewöhnen.

Ein Umstellungsprozeß ganz besonderer Art ist die *Eingewöhnung* des Stallpferdes *in eine Pferdegruppe*, die bereits an Offenstallhaltung gewöhnt ist und eine abgeklärte Rangordnung besitzt. Auch dieser Prozeß ist weit unproblematischer als er sich in Sattelkammergesprächen oft niederschlägt. Natürlich müssen einige Vorsichtsmaßnahmen beachtet werden, sonst ist das Spektakel und auch die Verletzungsgefahr groß. Günstig ist, wenn die zukünftigen Herdenmitglieder sich zunächst in getrennten Ausläufen oder Koppeln sehen und auch riechen können – ohne Körperkontakt. Dazu gehört unbedingt ein Elektrozaun, der soviel Respekt verbreitet, daß sich nicht vorzeitig irgendwelche Rangordnungsgeplänkel abspielen. Das Stallpferd muß unter Beobachtung erst den Elektrozaun kennenlernen. Meist durch Neugierde gerät es von selbst an den Draht, bekommt einen Stromstoß mit kurzzeitiger Panik und merkt sich fortan, daß der Zaun zu meiden ist. Auch sollte in den ersten Tagen der Neuling beim Wälzen beobachtet werden (beim Wälzen in Zaunnähe behutsam eingreifen, s. Abb. 20).

Nachdem sich alle zukünftigen Herdenmitglieder aneinander gewöhnt haben, zunächst noch ohne direkten Kontakt, sollten die Pferde zusammengebracht werden (möglichst ohne Eisen!). Sinnvoll ist, dem Neuling anfangs aus der bestehenden Gruppe das verträglichste, vielleicht sogar rangniedrigste Pferd allein zur Gesellschaft in die Koppel zu geben und etappenweise die übrigen Herdenmitglieder. Zwei Tage vorher setzt man bei allen das Kraftfutter für die folgenden Tage ganz ab oder halbiert die Ration, damit sie nicht allzu kraftstrotzend den Neuling „begrüßen". Den „Herdenchef" oder die „Chefin" bewegt man vor der Begegnung mit dem Neuling besser 1-2 Stunden, um die erste Begegnung abzumildern. Vor Überraschungen ist man nicht sicher, denn – je nach Rasse, Alter, Mut und Kondition – können sich neue Rangordnungskonstellationen ergeben. Es ist auch denkbar, daß der oder die „Neue" auf Rang Nr. 1 rückt, was aber erst nach Tagen oder gar Wochen zu beobachten sein wird.

Beachtet man die Vorsichtsmaßnahmen nicht, können Verletzungen die Folge sein; ansonsten geht meistens alles glatt. Ein Eingreifen ist selten erforderlich, im übrigen nicht ungefährlich und nicht ratsam. Ebenso vermeide man Futterneid, besonders bei der Kraftfutterzuteilung oder beim Füttern von Äpfeln oder Brot aus der Hand innerhalb der freilaufenden Herde. Das löst häufig unnötige Keilereien aus. Im Zweifel müssen alle Pferde zur Kraftfutterzuteilung angebunden und beaufsichtigt werden.

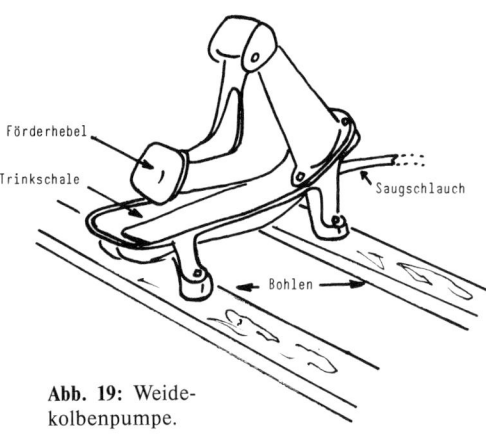

Abb. 19: Weidekolbenpumpe.

Abb. 20: Fellpflege durch Wälzen. Neulinge bei Haltungsumstellungen sollte man beobachten und beim Abwälzen in Zaunnähe behutsam eingreifen.

Nach der Eingewöhnungszeit kann man sicher sein, für sein Pferd naturgemäße Lebensbedingungen geschaffen zu haben. Das ist den kleinen Aufwand während der Umstellungsphase wert.

Offenstalltypen

In der Praxis zeigt sich, daß die Offenstallhaltung unter einer Vielzahl räumlich recht unterschiedlicher Bedingungen gut funktioniert. Die Erfahrung lehrt auch, daß die Variationsmöglichkeiten im Hinblick auf Nutzungsintensität und damit verbundener stärker reglementierter Haltung oder Erhöhung der Bestandszahl rechtzeitig bedacht werden müssen. Von daher ist der Offenstall, wie er noch vor 20–30 Jahren propagiert wurde für die Haltung typischer Wochenendpferde der robusten Ponyrassen, heute eher als Zusatzstall oder separate Weideschutzhütte auf abseits gelegenen Weiden, sinnvoll.

Offenställe können als freistehende bauliche Anlage mit einfachem Pultdach (Flachdach mit Gefälle) oder Satteldach ausgeführt werden. Bei vorhandenen Gebäuden, die z. B. als Lagerraum genutzt werden, kann ein Anbau sinnvoll sein (vgl. Abb. 22). Große Offenställe, beispielsweise für Zuchtpferde, werden zweckmäßigerweise als Halle in Satteldachständerkonstruktion (s. Abb. 23) hergestellt. Der Trend geht bei der Haltung von Reit- und Fahrpferden heute zur Offenstallanlage mit vier Funktionsbereichen unter einem Dach, nämlich

Abb. 21: Körperpflege durch Kratzen mit einem Hinterhuf am Kopf. Hier besteht die Gefahr, daß sich das Pferd im Halfter verhängt. Pferde sollten deshalb weder im Stall noch auf der Weide ein Halfter tragen.

44 Offenstalltypen

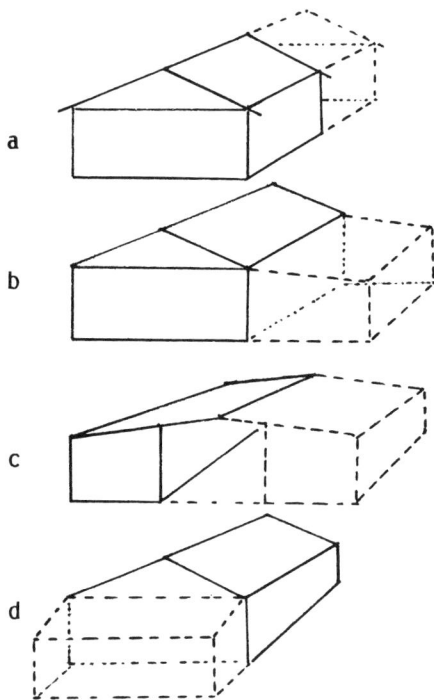

Abb. 22: Möglichkeiten zu einer seitlichen Erweiterung bestehender Gebäude:
a) Anbau Stirn- oder Rückfront mit Satteldach
b) Seitenanbau
c) Erweiterung einer Pultdachkonstruktion
d) Anbau an Stirn- oder Rückfront mit Pultdach

- Schlafstall
- Freßstall
- Box
- Lagerraum

Bei neu zu planenden Haltungsanlagen sollte dieser Offenstalltyp stets dann berücksichtigt werden, wenn mehr als zwei Pferde gehalten werden und eine eventuelle sportliche Nutzung der Pferde angestrebt wird.

Durch die getrennte Anordnung von Freßbereich und Schlafbereich läßt sich die Haltung vereinfachen. Im Freßbereich wird für jedes Pferd ein Freßständer gebaut (0,70–0,90 m breit und ca. 2,50 bis 3,00 m lang bei seitlichen Trennwänden von ca. 2,00 m Höhe). So können auch die rangniedrigsten Pferde ungestört ihr Futter aufnehmen. Vorteilhaft ist zur Futtervorlage ein Freßgitter aus Holzbohlen, das in jedem Freßstand eine Öffnung oder Luke in Kopfbreite des Pferdes hat. Die hinter dem Freßgitter liegende Freßfläche muß allerdings rd. 30 cm höher liegen als die Standfläche des Pferdes. In diese Öffnungen können auch zur Kraftfutterzufütterung Kunststofftröge (s. Abb. 24) gehängt

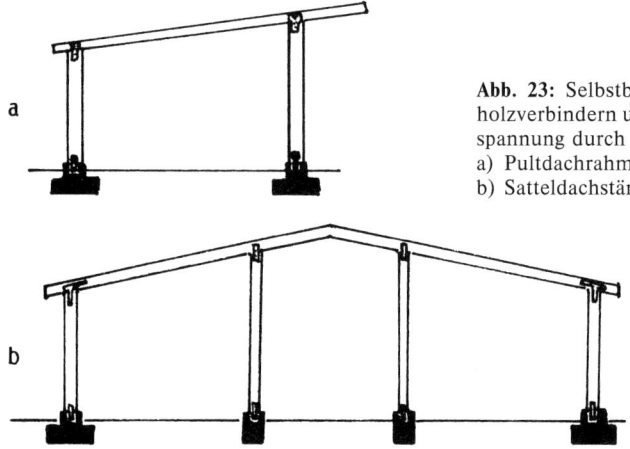

Abb. 23: Selbstbaukonstruktionen mit Rundholzverbindern und Punktfundamente mit Einspannung durch Rundholzverbinder.
a) Pultdachrahmen
b) Satteldachständerkonstruktion

Abb. 24: Kunststoffutterkrippe

werden. Durch einen abnehmbaren Elektrodrahtverschluß können die Freßständer außerhalb der Fütterungszeiten verschlossen werden, so daß zeitlich weit vor der Fütterung die vielfach zu Aggressionen führenden Fütterungsvorbereitungen abgeschlossen werden können. Zur Fütterungszeit wird der Verschluß entfernt und jedes Pferd geht in seinen Freßstand.

Einstreu und Hygiene

Je nach Grundriß der Offenstallanlage ist im gesamten Stallbereich oder nur in einem Teil des Stalles eine trockene Einstreu erforderlich. Sie ist der oberste Teil des Stallbodens. Bewährt hat sich, den Stallboden selbst wie folgt aufzubauen:

- Aushub ca. 50–70 cm tief;
- Auffüllung der so entstandenen Grube mit 20 cm Schotter als Unterlage, darauf
mindestens 10 cm Kies und 20 cm Sand (das so erlangte Niveau muß 10–15 cm über dem Außenniveau liegen!)

Auf den so aufgebauten Boden kann im Liegebereich/Schlafstall die 10–15 cm dicke Einstreu aufgebracht werden. In einem separaten Teil der Offenstallanlage, der mit Freßgittern ausgestattet wird, sollte der Boden mit Pflastersteinen oder grob abgestrichenem Beton befestigt werden. Hier ist keine Einstreu erforderlich (evtl. im Winter bei Glättegefahr Sand aufstreuen!). Sollte aufgrund von örtlichen Bauvorschriften ein Betonboden für den gesamten Stall vorgeschrieben sein, so muß dieser ein Gefälle zur Ableitung von Feuchtigkeit haben. Solche Böden sind im Liegebereich besonders sorgfältig und dick einzustreuen.

Für die Sommerzeit kann bei Weideschutzhütten auf Einstreu verzichtet werden, wenn der Stallboden aus gestampftem Lehm oder Sand besteht und mindestens 15 cm höher liegt als das Umgebungsniveau. Der Stall ist auch dann regelmäßig zu reinigen (Kot aufsammeln, evtl. feuchte Bodenteile erneuern) und bei Vernässung des Bodens oder langandauernden Regenperioden trocken einzustreuen. Die Betonung liegt bei der Einstreu auf „trocken", denn Pferde legen sich nur dann zum Ausruhen auf feuchten Untergrund, wenn sie gar keine andere Wahl haben, lieber dösen sie im Stehen. Hält man Pferde über längere Zeit in Ställen mit ungepflegter, feuchter Einstreu, sind sowohl Gesundheitsschäden (stärkere Verwurmung, Erkrankungen der Atmungsorgane bedingt durch Faulgase, Strahlfäule) als auch Leistungsminderung (wenig ausgeruhte Knochen) die Folge. Die Einstreu muß deshalb auch geruchs- und feuchtigkeitsbindend wirken sowie weich und genügend warm sein.

Als Einstreumaterial sind geeignet:

Abb. 25: Ein Balken im Eingangsbereich verhindert, daß zu viel Streu nach außen gezerrt wird.

- Sägespäne (möglichst gesiebt, also staubfrei und ohne Formaldehyd),
- Stroh (trocken; nicht muffig, faulig oder „schimmelpilzvernebelt"),
- Torf (mit Einschränkungen).

Sägemehl, besonders von Nadelhölzern, ist aufsaugefähig und geruchsbindend, staubt aber oft zu stark. Sägemehl sollte deshalb nach Möglichkeit nicht verwendet werden. Einstreu ausschließlich aus Sägespänen ist vorzuziehen.

Stroh ist als herkömmliches Einstreumaterial bekannt und wird am häufigsten verwendet. Nicht verwenden sollte man Gerstenstroh, das wegen seiner langen Grannen bei Pferden zu Hautreizungen und – wenn es gefressen wird – zu Koliken führen kann. Haferstroh wird von Pferden am liebsten gefressen; eignet sich nicht als Einstreu bei Pferden, die in Leistungskondition gehalten werden sollen. Haferstroh ist – wie jedes Einstreumaterial – nur in sauberem, nicht schimmeligem Zustand als Einstreu zu gebrauchen. Stroheinstreu kann kombiniert werden mit einer Unterlage aus staubfreien Sägespänen. Vorsicht ist immer geboten bei Rundballenstroh (Schimmel).

Torf als Einstreu ist wegen der damit verbundenen hohen Kosten wenig gebräuchlich und sollte aus Naturschutzgründen gemieden werden. Um die Geruchsbindungsfähigkeit der Einstreu (Ammoniak, Schwefelwasserstoff) zu verstärken, kann man zusätzlich zu allen Einstreumaterialien etwas Algominkalk beistreuen.

Pflege und Erneuerung der Einstreu

gehören zur täglichen Arbeit des Freizeitpferdehalters. Die Einstreu ist die Visitenkarte eines jeden Pferdehalters! Sparsamkeit ist in Sachen Einstreu nicht angebracht. Der Kot muß täglich aufgesammelt und entfernt werden. Dazu benutzt man entweder ein im Handel erhältliches Sammelgefäß mit einer Harke oder eine engzinkige Kartoffelgabel (bei Landhandelsgenossenschaften erhältlich). Die Zinken der Gabel läßt man am besten vom Schmied vorn in der Spitze breithämmern (das ist im glühenden Zustand schnell erledigt).

Neben dem Kot entfernt man auch besonders feuchte Teile der Einstreu und streut anschließend satt nach. Damit trotzdem keine faulige, stinkende Matte entsteht, die zudem noch eine ideale Brutstätte von Parasiten und Fliegen ist, sollte in der Umstellungsphase bei zeitweiser Boxenhaltung jede Woche, bei Offenstallhaltung regelmäßig alle 14 Tage (zumindest im Winter) die gesamte Einstreu erneuert werden. Diese Einstreupraktik wird als Wechselstreu bezeichnet.

Von manchen Pferdehaltern wird die sogenannte Matratzenstreu bevorzugt. Die Grundlage für diese Einstreu bildet eine 10 bis 15 cm hohe Mischung aus Torf oder Sägespänen mit gelöschtem Kalk, der die Ammoniakgase bindet. Darüber wird eine dicke Lage Stroh geschichtet. Auf dieser „Matratze" stehen oder liegen die Pferde weich und bei guter Einstreupflege auch trocken (wenn der Urin durch ein Stallbodengefälle ablaufen kann). Diese Praktik, die bei Boxenhaltung weit verbreitet ist, spart gegenüber der Wechselstreu Arbeitszeit und Material, da die gesamte Matratze nur in mehrmonatigen Abständen erneuert wird; ansonsten werden täglich – wie bei der Wechselstreu – Kot und feuchte Stellen entfernt. Das allerdings ist unbedingt notwendig. Gewinnt nämlich der arbeitssparende Effekt die Oberhand, dann bleibt am Ende der Kot im Stall liegen und wird täglich nur mit neuem Einstreumaterial überdeckt. So aber schafft man sich einen besseren Misthaufen im Stall, jedoch keine pferdegerechte Einstreu. Auch bei guter Pflege hat die Matratzenstreu den Nachteil, daß sie weniger hygienisch als die Wechselstreu ist.

Aus der Verhaltensforschung ist bekannt (und der Verfasser konnte gleiche Beobachtungen über etliche Jahre im eigenen Pferdebestand machen), daß Pferde außerordentliche Abneigungen haben, sich sowohl in den eigenen Kot zu legen als auch verunreinigtes Futter zu fressen. Bei ständiger unsauberer Haltung setzt aber eine Gewöhnung ein, die bei älteren Pferden kaum noch umzukehren ist. Dagegen sind Fohlen, die aus einwandfreien Haltungen kommen und später ebenfalls unter hygienischen Bedingungen gehalten werden, ein Leben lang „sauber" – sie trennen auch im geschlossenen Stall den Liegebereich vom Kotplatz.

Kombinationshaltung
Pferde – Rinder – Schafe

Insbesondere durch Umstrukturierungsprozesse im landwirtschaftlichen Bereich, durch Flächenstillegung und Aufgabe typisch landwirtschaftlicher Betriebe sind in den letzten Jahren die Anteile solcher Freizeitpferdehaltungen und -zuchten gestiegen, die über größere Weideflächen verfügen. Zur besseren Nutzung der Flächen, als Weideausgleich zum sonst ausschließlichen Pferdebesatz oder einfach aus einer Liebhaberei heraus sieht man dabei häufiger die kombinierte Offenstall- und Weidehaltung von Pferden, Rindern und Schafen. Da die Tendenz zu solchen Kombinationshaltungen steigt, oftmals aber die Grundkenntnisse fehlen, die vor einer Entscheidung über die Anschaffung und Haltung einer weiteren Tierart gegeben sein müssen, soll im nachfolgenden Abschnitt hierauf eingegangen werden.

Vom Grundsatz her ist der Gedanke, seine Weiden nicht ausschließlich mit nur einer Tierart zu beschicken, richtig. Das fördert jedenfalls eine ausgeglichene Weidebewirtschaftung, denn das Grasungsverhalten von Pferden, Rindern und Schafen ist sehr unterschiedlich. Jede Tierart hat ihre speziellen Vorlieben für bestimmte Pflanzenarten, und auch das Abbeißverhalten ist verschieden. So nehmen alle Einhufer Gräser und Kräuter mit den Lippen und den Zähnen auf, sie reißen förmlich mit ihren Beißzangen die Pflanzen ziemlich tief zur Wurzel hin ab. Wiederkäuer, wie Rinder und Schafe, weiden anders, nämlich zuerst wird mit der Zunge die Pflanze umschlossen, dann mit den Zähnen abgebissen – dies ist für die Pflanzen schonender. Hinzu kommt, daß vor allem Rinder bevorzugt langes Gras fressen, während Pferde eine Vorliebe für kürzere Pflanzen zu haben scheinen. Auch der Tritt der Weidetiere unterscheidet sich in der Wirkung auf die Pflanzennarbe. Die Klauen von Rind oder Schaf regen durch ihre Form und die Art des Bodendrucks die Pflanzen stärker zur sog. "Bestockung" an, die zur Verdichtung der Grasnarbe förderlich ist. Ein weiterer Aspekt ergibt sich aus der latent vorhandenen Gefahr der Wurmverseuchung von Weideflächen, die stets von der gleichen Tierart genutzt werden.

Von ein paar Ausnahmen abgesehen sind alle Magen- und Darmparasiten tierspezifisch, sie haben sich also auf *eine* Tierart als Zwischenwirt oder Endstation spezialisiert. Die Übertragung und Aufnahme von Larven und Eiern dieser Parasiten geschieht hauptsächlich über das Futter oder durch Ablecken infizierter Stallwände usw. Nun beginnt eine Wanderung der Parasiten durch innere Organe, durch den Magen-Darm-Trakt, durch Blutgefäße usw. mit z. T. außerordentlich starken, zunächst kaum oder sehr schwer zu diagnostizierenden Gewebszerstörungen, Darmperforationen u. ä. beim Wirtstier, auf das sich der Parasit im Laufe seiner Evolution spezialisiert hat. Wird dagegen ein Parasitenei von einer anderen Tierart aufgenommen, wird es im Körper dieses Tieres schadlos beseitigt.

Es gibt Ausnahmen, und zu berücksichtigen ist auch, daß in der Praxis nicht alles „schulmäßig" abläuft. Die Devise „Rinder und Pferde zusammen schafft Parasitenfreiheit", wie es gelegentlich allzu laienhaft aus wohlmeinenden Artikeln zu lesen ist, bleibt Theorie, weil leider oft auch das Rindvieh die parasitenbehafteten hochwachsenden Gräser, die an den Kot- und Urinplätzen der Pferde (sog. „Geilstellen") wachsen, meidet. Einzig das ausschließliche *Nachweiden* von Pferden auf primär landwirtschaftlich als Rindviehweide genutzten Flächen bei kurzfristigem Koppelwechsel bietet die Gewähr für Parasitenausgleich (bezogen auf das Pferd) bei einem Besatzverhältnis Rinder:Pferde von 5:1. Eine sowohl von der Besatzstärke als auch von der Intensität der Bewirtschaftung her mehr hobbymäßig betriebene Kombinationshaltung schafft diese Ergebnisse nicht, stellt aber trotzdem eine Abmilderung des Parasitenspiegels dar, weil zumindest ein gewisser Teil der Parasiten zugrundegeht.

Ob nun Liebhaberei, wirtschaftliche Gründe oder solche des Weideausgleichs dominieren, der Pferdehalter muß sich darüber klar werden, ob er bereits rein zeitlich und vom Interesse her in der Lage ist, eine zweite Tierart mit in sein Haltungsumfeld einzubeziehen, zu betreuen, zu füttern – und evtl. auch zu vermarkten! Die Haltung von Rindern als zweite Tierart wird nur dort überhaupt sinnvoll sein, wo räumlich (Stall- und Weideflächen) und personell sowie auch im Blick auf die technische Ausstattung befriedigende Voraussetzungen vorliegen.

Rinder sind ähnliche Großtiere wie Pferde. Handhabung, Pflege, Fütterung und Unterbringung sollten deshalb nicht unterbewertet werden. Liegen befriedigende Voraussetzungen vor, empfiehlt es sich für den Pferdehalter, sich mit dem Gedanken der Haltung mittelgroßer Rassen, wie Angus oder Galloways (s. Abb. 26), zu befassen. Bei ihnen ist auch eine Vermarktung interessant. Einzelheiten zur Haltung, Fütterung und zur Zucht sollten der Fachliteratur entnommen werden, in Gesprächen mit Praktikern erörtert und durch Kontakte mit entsprechenden Verbänden gefestigt werden.

Aufgrund der geringeren Tiergröße und flächenmäßigen Anforderung ist der Gedanke an eine *Schafhaltung* bei weit mehr Pferdehaltern anzutreffen. Bemerkenswert ist, daß gemeinhin der Eindruck vorherrscht, man könne diese kleinen Wiederkäuer „so nebenbei" mal mitlaufen lassen. Entsprechend gestiegen ist deshalb auch wohl die Zahl von kleinen Schafhaltungen als Ergänzung von Pferdehaltungen, denen bereits optisch anzumerken ist, daß es sich um „Sekundär"-haltungen handelt und selbst ein Minimum an Kenntnissen und Erfahrungen fehlt!

Aus diesem Grund soll die Schafhaltung als Ergänzung einer Offenstallpferdehaltung mit Weidebewirtschaftung hier etwas breiter vorgestellt werden. Die Informationen können aber nicht mehr sein als ein Überblick, den der Interessierte unbedingt vor Haltung bzw. Erwerb der Tiere ausgiebig erweitern sollte!

Abb. 26: Größenvergleich zwischen Rinderrassen und Robustpferderassen: links Aberdeen-Angus, Mitte Fjordpferd, rechts Galloway-Rind.

Im allgemeinen werden die bodenständigen Schafe reinrassig in Herdbuchzuchten einerseits und in Gebrauchszuchten andererseits gehalten. Herdbuchtiere sind bei einem Schafzuchtverband (regional ähnlich wie die Pferdezuchtverbände auf Landesebene geordnet) registriert. Die Verbände stellen an Herdbuchzuchten bestimmte Anforderungen (z. B. Mindestbestände an Mutterschafen: ca. 20–50). Auch der Hobbyschafhalter kann dort die Mitgliedschaft beantragen und erhält dafür Informationen, Unterstützung bei der Gesundheitsvorsorge (Schafgesundheitsdienst), Lehrgangsangebote und Hilfestellungen bei der Vermarktung bzw. beim Verkauf von Lämmern und Zuchttieren. Auch vor einem Ankauf sollte man sich der Hilfe des regionalen Verbandes bedienen – und nicht irgendwelche Tiere von der nächstbesten Koppel kaufen.

Zur Koppelschafhaltung eignen sich alle Schafrassen, die unterteilt werden in

- Merinorassen: Merinofleischschaf, Merinolandschaf;
- Fleischschafrassen: Deutsches schwarzköpfiges Fleischschaf, Deutsches weißköpfiges Fleischschaf, Deutsches Texelschaf, Blauköpfiges Fleischschaf, Suffolk;
- Landschafrassen: Ostfriesisches Milchschaf, Leineschaf, Rhönschaf, Heidschnucke, Bentheimer Schaf, Deutsches Bergschaf.

Die *Merinorassen* stellen mit über 40% den zahlenmäßig stärksten Anteil am deutschen Schafbestand; sie haben sehr feine Wolle. Die *Fleischschafrassen* sind dagegen stark auf Fleischleistung gezüchtet und liefern gröbere Wollqualitäten. Deutsche schwarzköpfige Fleischschafe sind die zweitstärkste deutsche Schafrasse mit einem Anteil von rd. 26%. Die *Landschafrassen* werden zu unterschiedlichen Zwecken gehalten und sind – bis auf die Milchschafe – jeweils nur in bestimmten Regionen verbreitet.

Wirtschaftlich tragen kann sich eine Schafhaltung in kleinem Rahmen kaum, denn dazu sind die Aufwendungen zu hoch, wenn man dies einmal betriebswirtschaftlich konsequent durchrechnet und bewertet. Bei vorhandenem Interesse sollte zunächst mit einer kleinen Herde junger Mutterschafe, vielleicht mit vieren, begonnen werden. Die meisten Koppelschafhalter haben sich zum Ziel gesetzt, mit ihren Mutterschafen zu züchten und die Lämmer in einem Alter von 5 bis 6 Monaten zu verkaufen. Auch der Verkauf der gewöhnlich im Mai/Juni geschorenen Schafswolle spielt eine, wenn auch geringe, Rolle. 90% der deutschen Wolle wird durch die Deutsche Wollverwertung (DWV) in Neu-Ulm, Finningerstr. 60, oder deren Filialen in Paderborn und Husum angekauft und vermarktet.

Der Kauf der Zuchtschafe sollte möglichst mit fachkundiger Beratung geschehen. Dabei empfiehlt es sich, gute Lämmer in einem Alter von 6–8 Monaten (Gewicht z. B. bei Schwarzköpfen gut 50 kg) bei einem Herdbuchzüchter zu kaufen. Die Preise sind sehr unterschiedlich. Als Anhaltspunkt für gute Schwarzkopflämmer können je Tier ca. 250–300 DM gerechnet werden; Spitzentiere liegen erheblich darüber, sind aber für den Hobbyschafhalter uninteressant und werden häufig von den Herdbuchzüchtern nur an andere Herdbuchzüchter verkauft.

Jedes Schaf, das man zu kaufen beabsichtigt, ist vor Ankauf auszusortieren, einzeln anzufassen und insbesondere zu untersuchen auf

• Kiefermißbildungen und Zustand der Zähne,
• eitrigen Nasenausfluß und häufiges Niesen (Hinweis auf Nasendasseln),
• Zustand der Klauen (Härte ist wichtig, Fäulnis und stechender Geruch weisen auf Infektionen, mangelnde Pflege und Lahmheit, z. B. Moderhinke, hin),
• gut durchblutete Haut, rote Schleimhäute an Auge und Maul,
• glänzende, kräftige Wolle und
• Durchfallerkrankungen (bei nicht kupierten Schwarzköpfen z. B. Hinterteil auf Wunden und Fliegenlarven untersuchen).

Unabhängig von anderweitiger fachkundiger Beratung ist es ratsam, daß der Laie zumindest an einem der Tageslehrgänge für Schafhalter, wie sie von den Verbänden durchgeführt werden, teilgenommen hat. Komprimiert werden dort viele Praxiserfahrungen vermittelt. Der Pferdehalter, gewohnt sein Pferd am Halfter zu führen und anzubinden, wird dort erfahren, daß Schafe weitaus größere Scheu zeigen, weil sie normalerweise nur gelegentlich angefaßt werden und ansonsten in der Herde laufen. In einem solchen Tageslehrgang lernt der künftige Schafhalter die wichtigsten Praktiken, nämlich wie ein Schaf zu halten und zu untersuchen ist (es wird an der Wolle oder einem Hinterbein festgehalten und in eine Rücken-Sitzlage gebracht, die zu einer gewissen starren Körperfixierung führt) und die Klauenpflege kennen. Die Referenten, in der Regel erfahrene Schäfermeister (-innen), beantworten auch gerne alle Fragen, die der interessierte Anfänger stellt.

Die Haltung wird sich nach den örtlichen Verhältnissen richten müssen, nach Größe und Art des Weidelandes, nach den Stallverhältnissen etc. Bei der ausschließlichen Schafhaltung auf guten Weiden reichen rund 4 Morgen (= 1 Hektar = 10 000 m²) für ca. 14 Schwarzkopfschafe einschließlich der Nachzucht (rd. 1,5 Lämmer durchschnittlich je Jahr und Mutterschaf) zur Ernährung während der Weidesaison und zur Erzeugung des Winterheus aus. Im Winter sind nach Verkauf der halbjährigen Lämmer nur die Mutterschafe zu versorgen (da sie im Normalfall im Herbst gedeckt werden, muß im Winter an die trächtigen Schafe Kraftfutter zugefüttert werden).

Welche Zahl von Mutterschafen bei zusätzlicher Haltung zu den Pferden vernünftig sein kann, läßt sich nicht generell sagen, denn zu stark unterscheiden sich auch die Pferdehaltungen nach Rasse, Nutzungszweck und Fütterung. Um dennoch für geplante Haltungen einen Hinweis zu haben, kann grob davon ausgegangen werden, daß in der Weidesaison je Mutterschaf mit durchschnittlich 1,5 Lämmern monatlich ca. 90 m² Koppelanteil zuzuteilen sind. Da die Schafe nachweiden sollen, aber die Narbe nie zu kurz werden darf, geht dieses Beispiel von einem Nachweidefutteraufwuchs aus, der ca. 10–12 cm hoch ist. Dieses Beispiel bezieht sich – wie die übrigen Hinweise auch – auf die Haltung von Schwarzkopfschafen, die ein Gewicht von 70–80 kg haben und mit 18 Monaten zur Zucht eingesetzt werden können (Trächtigkeitsdauer 5 Monate). Als Vergleich kann man bei Pferden mittlerer Größe von einem monatlichen Weideflächenbedarf von ca. 450–600 m² ausgehen, wenn die Wachstumsbedingungen günstig sind.

In der Modellanlage (s. Abb. 27) ist

52 Schafhaltung

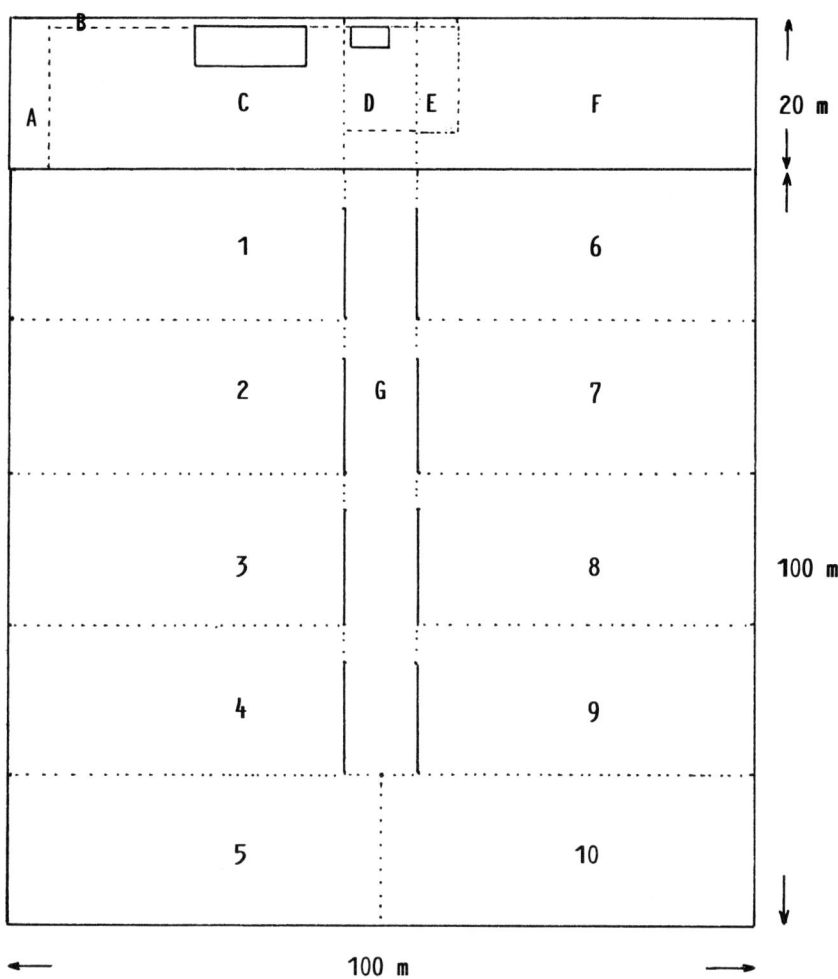

Abb. 27: Modell für eine Offenstallanlage zur Pferde- und Schafhaltung mit ca. 1 ha Weideland.

A = Vorplatz (Parkplatz für Kfz, Geräte usw.)
B = Verbindungsweg zu den Anlageteilen (Kompost, Reitplatz)
C = Pferdeoffenstall, Notbox, Heu- und Einstreulager mit Sandauslauf
D = Schafstall, Auslauf
E = Kompost
F = Reitplatz, 20 × 40 m, zusätzlicher Winterauslauf
G = Verbindungsgang vom Auslauf zu den Koppeln 1 bis 10, evtl. zusätzlicher Winterauslauf. Durch Öffnen der jeweils zugeteilten Koppel können die Pferde beliebig zwischen Auslauf und Weide pendeln. Die Schafe bleiben im Sommer jeweils zum Nachweiden innerhalb einer Koppel, die durch Rollhürden oder Wanderzaun abgegrenzt wird.

skizziert, wie eine größere Fläche unterteilt werden kann, um mehrere Koppeln zu erhalten, durch deren Vorhandensein erst ein geregelter Umtrieb von Pferden und Schafen möglich wird. Jede Koppel sollte mindestens drei Wochen Ruhezeit erhalten, bevor sie wieder für die jeweilige Tierart zur Verfügung gestellt wird. Bezogen auf die Modellanlage bedeutet dies, daß man im Frühjahr damit beginnt, zunächst bis zur Heuernte im Juni nur die Koppeln 1-5 als Weide zu nutzen. 6-10 werden zu Heu oder Silage konserviert und erst anschließend mit in die Weidenutzung einbezogen, wobei durchaus unter guten Bedingungen auch noch im Juli/August einige der Koppeln 1-5 für einen zweiten Heuschnitt genutzt werden können. Man beginnt demnach damit, für je eine Woche Koppel Nr. 1 mit Schafen zu besetzen und Koppel Nr. 2 für die gleiche Woche mit Pferden. Nach einer Woche wird umgetrieben, die Pferde erhalten wieder für eine Woche eine neue Koppel (Nr. 3), die Schafe weiden während dieser Zeit Koppel Nr. 2 nach usw., bis die Pferde in der 5. Weidewoche die Koppel Nr. 1 zugeteilt bekommen, die den Schafen wieder in der 6. Woche zugeteilt wird. So erreicht man, daß die Parasitenverseuchung gesenkt wird, die Grasnarbe sich erholen kann, nachgedüngt werden kann und stets schmackhaftes Futter zur Verfügung steht. Voraussetzung für das Modell ist, daß die Zahl der Weidetiere abgestimmt ist auf die Fläche und ihre Qualität. Unter idealen Bedingungen lassen sich auf einer Weidefläche von einem Hektar 2 Pferde mittlerer Größe und 4-6 Mutterschafe mit Nachzucht halten. Wahrscheinlich ist, daß man auch einen großen Teil des Winterbe-

Abb. 28: Wachstumsverlauf des Pflanzenbewuchses einer Weide im Laufe eines Jahres (Aufwuchsmengen bei Normaldüngung und zusätzlichen Stickstoffgaben).

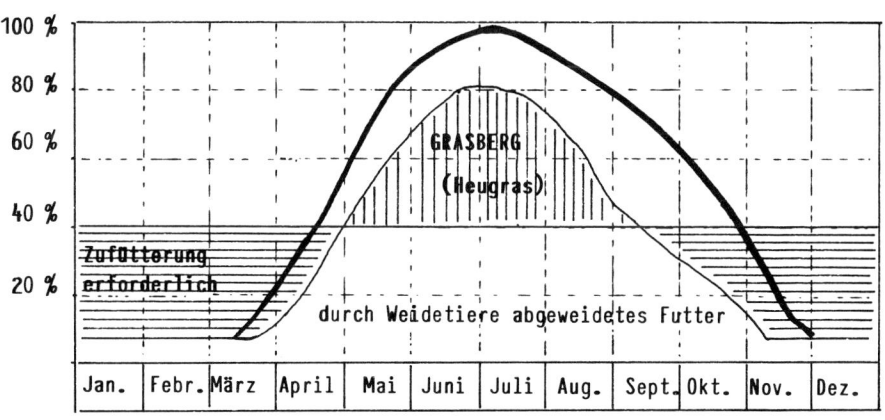

54 Schafhaltung

Abb. 29: Elektroknotengitter-Weidezaunnetz zur schnellen Einzäunung von Koppeln für Schafe.

darfs an Heu von dieser Fläche ernten kann (Bedarf etwa 40–50 dz, das sind gut 300 übliche Hochdruckballen). Unter schlechten Bedingungen wird der Futteraufwuchs zu gering sein, dann wird mehr Fläche benötigt oder man muß intensiver düngen, wovon abzuraten ist (vgl. Abb. 28).

Will man sicher gehen, dann zäunt man den gesamten Haltungskomplex außen zusätzlich zu Elektrodrähten mit verzinktem Knotengitterdraht ein. Das Knotengitter muß mindestens 1,10 m hoch sein (Schafe sind erstaunlich leistungsfähige Springer!), hat Querdrähte mit Abständen von 10, 12, 13, 15, 17, 18 und 20 cm (von unten nach oben) und alle 15 cm einen senkrechten Draht;

Drahtstärke 2–2,5 mm. Der Draht muß fest gespannt werden, weshalb alle Eckpfähle gut abgestützt werden sollten (zusätzlich besser einbetonieren).

Die versetzbare Koppelunterteilung kann am besten mit elektrischem Knotengitter (s. Abb. 29) oder normalem Elektrozaun mit 2 Drähten (20 und 45 cm hoch) geschehen. Eine kleine Gruppe von Schafen kann auch in einem – mindestens täglich ein- bis zweimal zu versetzenden – Geviert aus Rollhürden (Breite ca. 4 m, Höhe 1,10 m, s. Abb. 30) zum Nachgrasen gehalten werden (stets auch einen großen Wassereimer mit Tränkwasser hineinstellen und eine Eckabdeckung als Sonnenschutz vorsehen).

Abb. 30: Seitenelement einer Rollhürde für Schafe. Vier solcher Elemente werden fest miteinander verbunden und ergeben einen beweglichen Pferch, der das Nachweiden in nicht schafsicher eingezäunten Koppeln vereinfacht.

Abb. 31: Raufe mit Kegel zur Fütterung von Schafen im Stall oder auf der Weide (kann als Witterungsschutz mit einem Plattendach versehen werden).

Abb. 32: Magazinraufe zur Fütterung von Schafen mit Kraftfutter.

Je nach Zustand der Weiden läßt man die Schafe in der beginnenden Winterzeit unter Zufütterung von Kraftfutter oder Heu/Stroh solange wie möglich auf der Koppel (s. Abbildungen 31 und 32).

In der extremen Jahreszeit benötigen die Schafe einen luftigen, möglichst mit Stroh eingestreuten Stall, angrenzend an einen mindestens großflächig vor dem Offenstall befestigten Auslauf.

Zur Rauhfuttervorlage kann man eine Gangraufe (s. Abb. 33) aufstellen, die problemlos durch Begehen aufgefüllt werden kann. Man vermeidet dadurch Hektik unter den Schafen, die auftreten kann, wenn man zur Versorgung durch die Gruppe laufen muß. Als Erhaltungsfutter reichen im Winter pro Mutterschaf ca. 1,5 bis 2 kg Heu aus. Tragende Schafe benötigen Kraftfutter, hauptsächlich im letzten Drittel der Trächtigkeit. Gerne wird Hafer gefressen (gequetscht) oder spezielles Schafkraftfutter. Mineralstoffe dürfen keinen Kupferzusatz enthalten, deshalb darf Pferdemineralfutter nicht gleichzeitig auch für Schafe verwendet werden!

Abb. 33: Gangraufe zum Aufstellen im Laufstall zur problemlosen Auffüllung durch Begehen.

Der Offenstallbau

Planung, Raumprogramm und Standort

Für jede neu aufzubauende Offenstallhaltung benötigt man zunächst einmal ein Grundstück mit einem Stall oder jedenfalls die Möglichkeit, vorhandene Gebäude zu nutzen oder dort anzubauen (s. Abb. 22 S. 44). Gut ist, wenn man frei planen kann und verschiedene Alternativen mehrfach vor endgültiger Festlegung durchspielt.

Neben dem eigentlichen Stall sind je nach Bedarf Nebenräume erforderlich, die der Lagerung von Heu und Stroh, dem Abstellen von Geräten und Werkzeugen sowie der Aufbewahrung des Lederzeugs, der Pflegemittel und der Stallapotheke dienen. Zweckmäßig ist, einen Nebenraum gleichzeitig als Reiterstübchen einzurichten.

Die Größe des Stalles und der Nebenräume hängt von unterschiedlichen Faktoren ab. Die Bandbreite reicht von der einfachen Schutzhütte bis zur kompletten Anlage mit Offenstall, Notbox oder Winterbox, Lagerräumen und Sattelkammer. Die Zahl und Rasse der zu haltenden Pferde gibt den ersten Anhaltspunkt für die Beurteilung des Größenbedarfs. Hierbei sollte jeder zukünftige Pferdehalter berücksichtigen, daß sich sein Pferdebestand im Laufe der Zeit vergrößern kann, sei es, daß er nach einiger Erfahrungszeit zu züchten beginnt, ein weiterer Familienangehöriger ein eigenes Pferd bekommt, oder er mit anderen Pferdefreunden die Pferdehaltung gemeinsam betreiben will. Jeder Stallbau sollte deshalb so konzipiert werden, daß eine spätere Erweiterung noch möglich ist.

In diesem Zusammenhang sei nochmals daran erinnert, daß das Pferd als Herdentier Gesellschaft braucht. Obwohl der Mensch für ein Pferd eine Art Herdenersatz werden kann, gehört zur artgemäßen Haltung Gesellschaft unter Artgenossen. Ein einzeln gehaltenes Pferd wird in unserem Sinne nicht „glücklich" sein. Es hat keinerlei Möglichkeiten zum artgemäßen sozialen Verhalten. Fellknabbern und spielerisches Herumtoben mit anderen Pferden bleiben ihm versagt. Wer möchte als Mensch schon gezwungen werden, ein Einsiedlerdasein zu führen? Im Interesse des Freizeitkameraden Pferd sollte dieser Punkt befriedigend gelöst und die Stall- bzw. Weideanlage nicht von vornherein auf die Haltung nur eines Pferdes festgelegt sein. Hat man keinen Bedarf oder reichen die finanziellen Mittel nicht für zwei größere Pferde, so genügt es, als Gesellschaftspferd z. B. ein Shetlandpony zusätzlich zu halten. Sicher, auch ein reines Gesellschaftspony verursacht Kosten, doch ist der Aufwand hierfür lohnenswert.

Der Flächenbedarf für einen Stall richtet sich neben der Zahl der zu haltenden Pferde auch nach deren Größe sowie nach der Art des Stalles selbst. Je lebhafter und unausgeglichener der Pferdebestand einer Offenstallgruppe, desto mehr Platz ist erforderlich. Für eine Box wird die Fläche nach der For-

Abb. 34: Eine Vorstufe der Offenstallhaltung ist die Haltung in Einzelboxen oder Kleingruppen mit Kleinausläufen. Um Durchzug zu vermeiden, sind die Stallzugänge mit Streifenvorhängen aus kräftigem, durchsichtigem Kunststoff verschlossen.

mel „doppeltes Stockmaß zum Quadrat" ermittelt. Für ein Warmblutpferd mit einem Stockmaß von 1,65 m ergibt dies eine Boxengrundfläche von mindestens 11 m². Die Grundfläche für einen Offenstall, in dem das Pferd im Winter sein Futter aufnimmt und je nach Witterung im Sommer und im Winter Schutz sucht, kann um 20% kleiner sein. Dies ergibt eine Offenstallgrundfläche je Pferd von rd. 9 m². Auch im Offenstall muß also Platz genug sein, damit jedes Pferd einen bestimmten Individualabstand zum Weidegenossen einhalten kann. Anders als in einer geschlossenen Gemeinschaftsbox (Laufstall) bestehen bei Rangeleien im Offenstall für das rangniedrigere Pferd bessere Ausweichmöglichkeiten; es kann den Stall verlassen, wenn dieser entweder einen großen oder zwei getrennte Eingänge hat. Die genannten Flächen sind *Mindestflächen*, die keinesfalls unterschritten werden dürfen. Beengte Stallverhältnisse sind niemals pferdegerecht. Sehr lebhafte Bestände benötigen rd. 50% mehr Raum!

Größe und Zahl der Nebenräume variieren von Fall zu Fall. Wer seinen Heu- und Strohvorrat nicht anderweitig unterbringen kann oder will, der rechnet pro Pferd mit einem Lagerraumbedarf von rd. 30–35 m³, also z. B. mit einem zu bauenden Nebenraum mit den Maßen 3 m × 3,50 m³ = 10,50 m Grundfläche × 3,00 m Höhe = rd. 31,5 m³ Volumen. Der Nebenraum muß belüftet sein, damit eine sonst mögliche Selbstentzündung des Heus verhindert wird.

Abb. 35: Offenstall als Scheunenausbau mit anschließendem undrainiertem Auslauf.

Für eine Sattelkammer, die gleichzeitig als Reiterstübchen dienen kann, dürften mindestens 6 m² Grundfläche einzuplanen sein. Ein weiterer Flächenbedarf wird für einen Abstellraum erforderlich sein. Darin kann man Balkenmäher, Schubkarre, Werkzeuge und Ausbesserungsmaterial aufbewahren. 10 m² sollten hierfür eingeplant werden. Ohne Einbeziehung von eventuell vorhandenen Gebäuden oder Lagermöglichkeiten ergibt sich für die Offenstallhaltung von zwei Pferden ein Grundflächenbedarf von 40–60 m².

Die nächste Überlegung gilt der Lage des Stalles. Der Stall sollte direkt auf dem Weidegrundstück gebaut werden, denn dies ist Voraussetzung für eine zeitsparende Haltung. Für die Ausrichtung des Stalles gilt: offene Seite entgegengesetzt zur Hauptwindrichtung. Als Bauplatz nicht geeignet sind Mulden, Nordhänge und generell undurchlässige Böden mit stauender Nässe oder hohem Grundwasserspiegel. Böden mit stauender Nässe müssen gegebenenfalls durch eine (aufwendige!) Drainage entwässert werden.

Soll man einen Fertigstall aufstellen oder den Stall selbst bauen? Dies richtet sich nach den individuellen Möglichkeiten. Es gibt inzwischen gute Offenställe in Holzbauweise, die – bedingt durch Serienproduktion – auch zu einem annehmbaren Preis bezogen werden können. Die Anlieferung und auf Wunsch den Aufbau an Ort und Stelle besorgt der Hersteller gegen Aufpreis. Beim Vergleich mehrerer Angebote müssen diese Kosten berücksichtigt

Abb. 36: Rohbau eines Offenstalls in Rundholzkonstruktion mit Pultdach und Streifenfundamenten (siehe Abb. 58 S. 90).

werden. Vorteilhaft ist der Kauf eines Offenstalles (Kombistall), den man nach dem Baukastensystem selbst zusammenstellen und durch Bezug weiterer Elemente noch erweitern kann.

Viele Pferdehalter und vor allem Haltergemeinschaften greifen selbst zu Hammer und Säge und bauen den Stall für ihre Vierbeiner nach eigenen Plänen. Die unmittelbaren Beweggründe sind für jeden einzelnen, der sich handwerklich selbst hilft, verschieden. Sicher sind es in erster Linie die Freude am Selbstgeschaffenen und die stets willkommene Gelegenheit, Geld zu sparen. Überdies sind Offenstallhaltung und handwerkliche Selbsthilfe ziemlich stark miteinander verknüpft.

Um einen einfachen, trotzdem aber zweckmäßigen und ansehnlichen Offenstall zu bauen, muß man nicht in die höheren Regionen der Technik einsteigen. Handwerkliches Allgemeinwissen und die Aneignung handwerklicher Grundfähigkeiten genügen. Gewiß läßt sich nicht alles selber machen, weil manche technischen Voraussetzungen und auch gesetzlichen Bestimmungen Grenzen ziehen (z. B. Elektroinstallation). Woran es möglicherweise bei manchem hapert, ist das „Gewußt wie". Hinweise zur Ausführung, zum Material und zu den Besonderheiten der Konstruktion des Stallbaues werden später noch erläutert. Zusätzlich sollte der weniger Geübte sich der Hilfe eines erfahrenen Bekannten bedienen. Auch sind in Heimwerkerfibeln nützliche Erklärungen zu technischen Details enthalten. Im Zweifel ziehe man einen Zimmerer oder Schreiner zu Rate, bevor kostenträchtige Fehler gemacht werden.

Pachtvertrag

Im Kapitel Baurecht wird im Zusammenhang mit der empfohlenen Bauherreneigenschaft eines Landwirts ein Vertragsmuster angeführt, das auch die Weidepacht einschließt. Welche wesentlichen Punkte insgesamt beim Abschluß oder der Vorbereitung eines Pachtvertrages zu berücksichtigen sind, soll vorab aufgezeigt werden.

Durch Umstrukturierung der Landwirtschaft ist gegenwärtig bereits nahezu die Hälfte der landwirtschaftlichen Fläche in Deutschland verpachtet, meist an andere Landwirte. Häufiger werden aber inzwischen auch aufgegebene Bauernhöfe oder großflächige Ländereien an Nichtlandwirte zur Pferdehaltung verpachtet. Die Vorschriften über die Landpacht sind zunächst einmal im Bürgerlichen Gesetzbuch (§§ 581 bis 597) enthalten. Es handelt sich dabei, wie der Jurist sagt, um sog. „abdingbares" Recht, das heißt, diese Vorschriften werden nur angewendet, wenn die Vertragspartner, also Pächter und Verpächter, nichts anderes vereinbaren.

Diese „Vertragsfreiheit" sollten die Vertragspartner nutzen und die zu schließenden Verträge ihren persönlichen und wirtschaftlichen Verhältnissen anpassen. Schließlich ist neben dem BGB das novellierte Landpachtgesetz, dessen Vorschriften bindend sind, zu beachten. Bei den Landwirtschaftskammern sind Formulare erhältlich, die man aber – so es um frei vereinbarte Sachverhalte geht – ändern kann.

Vor Abschluß eines Pachtvertrages sollte man sich schlüssig werden über folgende Punkte:

● Der Pachtgegenstand, sein Zustand und sein Verwendungszweck sind konkret zu beschreiben. Bei einer Betriebspacht (Bauernhof einschließlich Grundstücke) muß eine Betriebsbeschreibung und Wertschätzung der einzelnen Gegenstände (z. B. Maschinen) vorgenommen werden. Bei Beendigung der Pacht dient die Beschreibung der Beweissicherung.

● Im Pachtvertrag sollte auch die Haftungsfrage geregelt sein, und zwar für Schäden, die entweder bei Vertragsbeginn vorhanden sind oder während der Vertragsdauer entstehen.

● Als Entgelt für die Überlassung erhält der Verpächter den Pachtzins. Höhe, Form und Fälligkeit sind festzulegen. Bei langlaufenden Pachtverträgen empfiehlt sich die Vereinbarung einer Indexklausel.

● Festgelegt werden muß, wer die auf der Pachtsache ruhenden Lasten zu tragen hat, also z. B. Flurbereinigungsbeiträge, Beiträge zu Wasser- und Bodenverbänden; welche Versicherungen von wem abzuschließen sind.

● Die Dauer der Pacht und auch eine Bestimmung über die Verlängerungsmöglichkeit sollte in den Vertrag aufgenommen werden. Genauso wichtig ist eine Kündigungsvereinbarung beim Eintritt unvorhersehbarer Ereignisse sowie die Festlegung normaler Kündigungskonditionen.

● Erforderlich sind Vereinbarungen über die Nutzung und die Erhaltung der Pachtsache während der Pachtdauer. Hierbei muß ganz eindeutig abgeklärt werden, ob und in welchem Umfang der Verpächter Verbesserungen (Investitionen) vornehmen darf und inwieweit der

Verpächter bei Pachtende den Wert der Verbesserungen zu ersetzen hat.
- Zu regeln ist auch die Frage, ob der Pächter die Pachtsache z. B. im Rahmen einer Haltergemeinschaft oder Kooperation bewirtschaften darf.
- Der Pachtvertrag muß schließlich Bestimmungen über die Rückgabe der Pachtsache (Mängel, Ersatzansprüche, Hof- und Feldvorräte, Brennstoffvorräte u. ä.) enthalten.
- Bei Betriebspacht kann es zweckmäßig sein, lebendes und totes Inventar vom Verpächter zu kaufen mit evtl. Rückkauf durch den Verpächter bei Pachtende.

Besonders wichtig für Nichtlandwirte ist *vor* Abschluß eines Land- oder Betriebspachtvertrages die schriftliche (verbindliche) Anfrage bei der Landwirtschaftsbehörde, ob eine Genehmigung erforderlich ist. Weiter muß vorher eindeutig geklärt sein, ob der Pächter gleichzeitig nach dem Sozialversicherungsrecht „Landwirt" wird - mit der Folge, daß Beiträge zur Berufsgenossenschaft (Unfallversicherung), zur Alterskasse für Landwirte usw. zu entrichten sind. Ab welcher flächenmäßigen Größenordnung dies der Fall ist, kann generell nicht gesagt werden. Bei einer Betriebspacht ist die Frage sicher zu bejahen, bei Anpachtung von kleineren Flächen besteht Rechtsunsicherheit, weshalb man verbindliche Auskünfte einholen sollte. Wichtig zu wissen ist, daß die sozialversicherungsrechtliche Einordnung als „Landwirt" für den Pferdehalter *nicht* gleichzeitig auch bedeuten muß, daß ihm die Baubehörde die Privilegien nach § 35 Baugesetzbuch (Bauen im Außenbereich) einräumt, da die Kriterien dafür unterschiedlich sind! Vor vertraglichen Bindungen muß in jedem Fall die aktuelle Rechtslage geprüft werden.

Baurecht

Für den Freizeitpferdehalter gehört die baurechtliche Beurteilung und Abwicklung des geplanten Stallbauvorhabens zu den leidigen Problemen. Dem Baugeschehen sind gesetzliche Zügel angelegt – nicht ganz ohne Grund –, denn wie würden unsere Landschaften und Ortschaften aussehen, wenn jeder nach eigenem Belieben so bauen würde, wie er es sich vorstellt. Die maßgeblichen Bestimmungen sind im Baugesetzbuch (BauGB) des Bundes und in den Bauordnungen der einzelnen Länder (z. B. BauO NW) enthalten. Auf die wichtigsten Bestimmungen soll hier eingegangen werden.

a) Zulässigkeit
Bevor man sich für einen Standort entscheidet und einen Fertigstall erwirbt oder Baumaterial für den Selbstbau bestellt, muß geprüft werden, ob ein Stallbau an der vorgesehenen Stelle überhaupt zulässig ist. Im städtischen Bereich wird diese Frage negativ zu beantworten sein, da ein Stallbauvorhaben in der Regel den Festsetzungen eines bestehenden Bebauungsplanes widersprechen wird. Oft werden dem Vorhaben auch nachbarliche Interessen entgegenstehen. Wer also im Stadtgebiet ein größeres Grundstück besitzt (Vorgärten sind selbst für die Haltung eines Miniponys ungeeignet!), sollte – bevor er den ersten Spatenstich tut – erst bei der Stadtverwaltung einen verbindlichen Bauvorbescheid einholen.

In Gebieten, für die die Gemeinde

noch nicht beschlossen hat, einen Bebauungsplan aufzustellen, sind nach § 34 Abs. 1 und 2 BauGB Vorhaben zulässig, „die sich nach Art und Maß der Nutzung, nach ihrer Bauweise und der überbauten Fläche in die Eigenart der Umgebung einfügen". Letzteres trifft hauptsächlich für am Ortsrand gelegene Grundstücke zu. Wenn dort nur Wohnbebauung vorhanden ist, wäre ein Stallbau kaum zulässig. In den weitaus meisten Fällen wird der Bau eines Stalles jedoch im ländlichen Bereich geplant. Das Baugesetzbuch (§ 35) verwendet dafür den Begriff „Außenbereich". Die Zulässigkeit eines Vorhabens ist dort weniger stark eingeengt. Werden allerdings durch den Stallbau sog. „öffentliche Belange" beeinträchtigt (z. B. Verunstaltung des Ortsbildes, Beeinträchtigung der natürlichen Eigenart der Landschaft), ist ein Stallbau unzulässig. Als Grundsatz gilt, daß nach § 35 BauGB u. a. dem Landwirt im Außenbereich baurechtlich mehr erlaubt ist als dem Nichtlandwirt.

Was „Landwirtschaft" ist, definiert § 201 BauGB. Kriterium für einen landwirtschaftlichen Betrieb ist danach die unmittelbare Bodenertragsnutzung oder die mittelbare Nutzung durch Verwendung des Bodenertrags, z. B. als Fütterungsgrundlage. Es muß eine ernsthafte, auf Dauer angelegte und nachhaltig zur Existenzsicherung beitragende Tätigkeit sein. Nur in äußerst seltenen Fällen wird der Freizeitpferdehalter als „Landwirt im Nebenerwerb" Anerkennung finden.

Vorhaben des Landwirtes sind sog. „privilegierte Vorhaben", wenn sie seinem Betrieb dienen und öffentliche Belange nicht entgegenstehen. Im Einzelfall können auch „sonstige Vorhaben" (von Nichtlandwirten) nach § 35 Absatz 3 BauGB zugelassen werden. Örtlich sehr unterschiedliche Maßstäbe lassen eine Aussage über die Chance des Freizeitpferdehalters, als Nichtlandwirt im Außenbereich einen Stall bauen zu dürfen, kaum zu. Hat man von einem Landwirt eine Weide gepachtet, kann es ratsam sein, daß er als Bauherr des geplanten Vorhabens auftritt. In einem solchen Fall muß im Interesse beider Vertragspartner eine schriftliche Vereinbarung alle Rechte und Pflichten sowie Regelungen bei Auflösung des Vertrags enthalten. Als *grober Rahmen* für eine solche Vereinbarung kann das Muster auf Seite 63 dienen.

Wünschenswert wäre, wenn die allgemeine Genehmigungspraxis der Bauaufsichtsbehörden endlich die starke Entwicklung des Freizeitpferdehaltens gebührend berücksichtigen würde. Es ist nicht einzusehen, daß der private Pferdehalter, der seine Pferde artgemäß im Offenstall halten will und Weideflächen landwirtschaftlich nutzt, baurechtlich als „Sonderfall" behandelt wird!

Detaillierte Planungen sollten erst erstellt werden, wenn man sich beim zuständigen Bauaufsichtsamt der Kreis- oder Gemeindeverwaltung über die Zulässigkeit informiert hat. Zu einzelnen Fragen des Bauvorhabens (Zulässigkeit, technische Anforderungen, Nutzung usw.) kann ein schriftlicher Vorbescheid (vor Beantragung einer Baugenehmigung) bei der Bauaufsichtsbehörde eingeholt werden. Dieser Bescheid ist ein sog. Verwaltungsakt. Ist der Antragsteller mit der Auffassung der Behörde nicht einverstanden, kann er zunächst Widerspruch gegen den Bescheid einlegen. Hilft die Behörde dem Widerspruch nicht ab, ist als weiteres Rechtsmittel die Klage vor dem Verwaltungsgericht gegeben. Bei der Entscheidung über die Zulassung von Vorhaben im Außenbereich

Vertrag*

zwischen _____ (Verpächter)

und _____ (Pächter)

über die Pacht einer 4 Morgen großen Weide, Gemarkung _____, Flur _____,

Flurstück(e) _____, derzeitige Nutzung und Zustand: _____

Einzäunung: _____, Zufahrt: _____
zur Pferdehaltung
und die Errichtung eines pferdegerechten Offenstalles mit Auslauf und separater Einzäunung auf dem Flurstück _____ entsprechend den beiliegenden Skizzen.
Die Vertragsparteien vereinbaren, daß
- der Pächter auf eigene Kosten und Gefahr im Auftrage des Verpächters die bauliche Anlage den geltenden Bauvorschriften entsprechend errichten wird. Bauherr ist der Verpächter. Entscheidungen in dieser Eigenschaft bezogen auf das Bauvorhaben sind nur für den Pächter rechtsverbindlich nach einvernehmlicher Absprache. Der Pächter verpflichtet sich, alle für behördliche und sonstige Erlaubnisse erforderlichen Unterlagen rechtzeitig und vollständig beizubringen ohne Kosten für den Verpächter. Insbesondere wird der Pächter den Verpächter freistellen von etwaigen Bußgeldern, Genehmigungsgebühren u. ä.;
- nach Beendigung der Laufzeit des Vertrages alle fest mit dem Grundstück verbundenen Anlagen in das Eigentum des Verpächters übergehen gegen Zahlung Zug um Zug einer sich aus Investitionen abzüglich Abschreibungen ergebenden Ablösesumme an den Pächter;
- die Laufzeit des Vertrages 10 Jahre beträgt und innerhalb dieses Zeitraumes Vertragsauflösung nur bei gegenseitiger Vereinbarung rechtswirksam ist. Die Laufzeit rechnet vom Tage der Baugenehmigung.
Wird die Baugenehmigung nicht erteilt, ist der Pächter berechtigt, den Vertrag nach eigener Fristbestimmung zu kündigen;
- der Pächter nach Ablauf der Vertragszeit Anspruch auf Fortsetzung des Vertrages hat zu neu auszuhandelnden zumutbaren Konditionen, es sei denn, daß die Fortsetzung dem Verpächter nicht zuzumuten ist aufgrund grober Vertragsverletzungen des Pächters oder weil der Verpächter bei Fortsetzung des Vertrages nachweislich in der beabsichtigten Verwertung seines Eigentums behindert würde. Bei Fortsetzung über die ursprüngliche Vertragslaufzeit hinaus verbleiben die Investitionen im Eigentum des Pächters;
- der Pächter die gepachtete Fläche sowie die zu errichtenden baulichen Anlagen auf eigene Kosten ordnungsgemäß zu unterhalten und zu versichern hat;
- der jährliche Pachtzins 500 DM beträgt, zu zahlen in einer Summe im voraus am 1. 3. jeden Jahres. Gekoppelt wird der Pachtzins an den Lebenshaltungskostenindex eines 4-Personen-Haushalts mit mittlerem Einkommen. Maßgebend sind die Veröffentlichungen des Statistischen Bundesamtes, Wiesbaden, nach dem Stand vom Januar. Der Pachtzins ist erstmals am 1. 3. 1994 um den %-Betrag zu erhöhen, der sich aus dem Datenvergleich von Januar 1993 zu Januar 1994 ergibt. Basis für die prozentuale Berechnung ist jedes Jahr der ursprünglich vereinbarte Betrag von 500 DM.
- der Pächter berechtigt ist, während der Vertragslaufzeit einen Nachpächter zu benennen, den der Verpächter nur bei Vorliegen nachweislich wichtiger Gründe, die in der Person des Nachpächters liegen müssen, ablehnen kann;
- alle Vereinbarungen einen etwaigen Rechtsnachfolger des Verpächters binden.

Ort, Datum _____

Unterschrift Pächter   Unterschrift Verpächter

---

*) Örtlich u. U. bestehende Sonderregelungen über Land- und Hofpacht sowie die Bestimmungen des BGB sollten vor Vertragsschluß mit in die Überlegungen einbezogen werden. Nützlich ist immer eine konkrete Rechtsberatung für den Einzelfall durch einen Anwalt sowie Nachfrage bei der zuständigen Landwirtschaftskammer.

hat der Gesetzgeber der Bauaufsichtsbehörde einen Ermessensspielraum eingeräumt, d. h., sie muß nach sachlichen Gesichtspunkten unter gerechter Abwägung des öffentlichen Interesses und der Einzelinteressen die Auswahl unter den möglichen Entscheidungen treffen. Ermessen bedeutet nach den Grundsätzen des Verwaltungsrechts nicht, daß die Behörde nach Belieben oder willkürlich entscheiden darf; ihr Ermessen ist vielmehr „pflichtgebunden". An den Haaren herbeigezogene Ablehnungsgründe (sachfremde Erwägungen) oder das Außerachtlassen wichtiger Gesichtspunkte bei der Prüfung des Sachverhaltes führen zu Ermessensfehlern und damit zu rechtswidrigen Entscheidungen. Bei einem ablehnenden Bescheid achte man auf die Begründung. Ist sie wenig stichhaltig, sollte man es auf ein Widerspruchsverfahren ankommen lassen. In komplizierten Fällen ziehe man einen Fachmann zu Rate (Architekt, Rechtsanwalt).

Liegen alle Voraussetzungen vor, die das Bundesbaugesetz an die Zulässigkeit des Vorhabens knüpft, so besteht ein Rechtsanspruch auf Zulassung des Bauvorhabens (vgl. Urteil des Bundesgerichtshofes vom 26. 10. 1970, III ZR 132/67).

b) Technische Anforderungen
Die Landesbauordnungen stellen bestimmte technische Anforderungen an den Stallbau. Zum größten Teil handelt es sich um Selbstverständlichkeiten, die jeder Pferdehalter im Interesse seiner Tiere auch ohne gesetzliche Vorschrift berücksichtigen wird.

Ställe sind nach der BauO NW so anzuordnen, zu errichten und instandzuhalten, daß eine gesunde Tierhaltung gewährleistet ist und die Umgebung nicht unzumutbar belästigt wird. Sie müssen eine für ihre Benutzung ausreichende Grundfläche und lichte Höhe haben sowie ausreichend zu be- und entlüften sein. Die ins Freie führenden Stalltüren müssen nach außen aufschlagen. Ihre Zahl, Höhe und Breite müssen so groß sein, daß die Tiere ohne Schwierigkeiten ins Freie gelangen können. Wände, Decken, Dächer und Fußböden müssen wärmedämmend sein. Sie sind gegen schädliche Einflüsse der Stallfeuchtigkeit, der Stalldämpfe, der Jauche und gegen andere chemische Einwirkungen zu schützen.

Der Fußboden des Stalles muß wasserundurchlässig sein. Er ist mit Gefälle und Rinne zum Ableiten der Jauche zu versehen. Die Jauche ist in wasserdichte Jauchegruben oder in Abwasserbeseitigungsanlagen (Kanal) zu leiten. Wichtig ist weiterhin die Gewährleistung der Standsicherheit des Stalles (Statik). In bergigen Gegenden sind wegen des überdurchschnittlichen Schneefalls besondere Anforderungen an die Tragfähigkeit des Daches zu stellen.

Für Offenställe, die nicht der dauernden Unterbringung von Pferden dienen, werden Ausnahmen von den vorstehenden technischen Anforderungen zugelassen!

c) Genehmigungspflicht – Genehmigungsfreiheit
Falls ein Vorhaben generell zulässig ist, muß im Einzelfall nach der jeweils geltenden Landesbauordnung geprüft werden, ob eine Baugenehmigung zu beantragen ist. Eine allgemeine Aussage hinsichtlich der Größe von genehmigungsfreien Stallbauvorhaben ist nicht möglich, da jede Landesbauordnung für diese Fälle konkrete Regelungen trifft (z. B. LBauO NW im § 62 (1) Z. 4).

Genehmigungsfrei sind oft solche Ställe bis 4 m Firsthöhe und 50 m² Grundfläche, die „einem landwirtschaftlichen Betrieb dienen", keine Feuerstätten einschließen und nur zum vorübergehenden Schutz von Tieren bestimmt sind (typische Weideschutzhütten).

Dem Bauantrag für genehmigungspflichtige Vorhaben sind ein örtlicher Lageplan (erhältlich beim Vermessungs- und Katasteramt der Gemeinde), Zeichnungen des Stalles, eine Baubeschreibung und die Statik (Festigkeits- und Standsicherheitsberechnung) beizufügen. In den Lageplan ist die Grundfläche des Stalles rot einzuzeichnen. Die Behörden verlangen, daß die eingereichten Bauunterlagen den technischen Vorschriften entsprechen und die fachliche Qualifikation des Planverfassers erkennen lassen. Für die Baudurchführung muß der Bauherr bei größeren genehmigungspflichtigen Stallbauvorhaben einen Bauleiter (z. B. Maurer-, Zimmermeister oder Architekt) bestimmen. Vor Zustellung der Baugenehmigung, die Auflagen und Bedingungen enthalten kann, darf mit der Bauausführung nicht begonnen werden.

Einer Bauanzeige sind die gleichen Unterlagen wie einem Bauantrag beizufügen. Hier ist nur das behördeninterne Verfahren vereinfacht und abgekürzt. Auf die Bauanzeige wird auch keine Genehmigung erteilt. Mit der Ausführung anzeigepflichtiger Vorhaben darf einen Monat nach Eingang der Bauanzeige bei der Bauaufsichtsbehörde begonnen werden, sofern die Behörde das Vorhaben nicht untersagt oder einem früheren Beginn zugestimmt hat.

Wer „schwarz" baut, d. h. ohne Bauanzeige oder Baugenehmigung, kann – falls der Stallbau planungsrechtlich zulässig ist – auch nachträglich eine Bauanzeige oder einen Bauantrag einreichen. War der Stallbau aber schon planungsrechtlich nicht zulässig, wird die Behörde dem Bauherrn eine Abbruchverfügung zustellen. Dieses Risiko sollte man als Pferdehalter gar nicht erst eingehen, sondern sich vorher eingehend über die örtlich verschiedenen Vorschriften informieren! Ist der „Schwarzbau" sowohl planungsrechtlich als auch von der Bauausführung her genehmigungsfähig, werden Eifer und Begeisterung des Bauherrn trotzdem von der Behörde nicht „honoriert", sondern als Ordnungswidrigkeit mit einem Bußgeld geahndet!

Konstruktion, Baumaterialien und Baukosten

Schaut man sich Pferdeställe an, die für die traditionelle Art der Stallhaltung bestimmt sind, dann findet man fast ausschließlich solche in Massivbauweise. Sie sind aus Ziegeln oder Leichtbetonsteinen gemauert, meist schlecht beleuchtet und mangelhaft belüftet. Abgesehen davon, daß sich die Massivbauweise in Eigenleistung schwerer bewerkstelligen läßt, hat bereits das verwendete Material für Pferdeställe Nachteile. Steine besitzen eine Kältestrahlung, die bei einem Kaltstall, also einem Offenstall, ein ungünstiges Stallklima erzeugen kann. Bewußt werden deshalb in diesem Buch nur Stallbauten in Leichtbauweise beschrieben, die sich als eingeschossige, ebenerdige Projekte in Eigenleistung vollständig erstellen lassen. Dabei handelt es sich durchweg um *einfache* Stallbaulösungen. Dies gilt für die Größe, die Konstruktion, das zu verwendende Material und für die Bauausführung. Technische Hinweise, Baubeschreibungen und die Erläuterungen zur praktischen Durchführung beschränken sich auf das Wesentliche und können keinesfalls die im Einzelfall erforderliche genaue Planung und Abstimmung mit Fachleuten ersetzen, die vor Ort erst die praktische Durchführbarkeit des Vorhabens beurteilen können.

Die angegebenen Preise sind Durchschnittspreise des Jahres 1991. Bei den später folgenden Grundrißskizzen sind die Materialstärken wegen der Variationsbreite nicht berücksichtigt!

Bei den Einzelvorschlägen wurde Wert gelegt auf
- Zweckmäßigkeit und Praxisnähe,
- Bauausführung mit maximal 2 Personen,
- erträgliche Kosten und
- ansehnliche Außengestaltung.

Von der Bauweise her empfehlen sich für den Offenstallbau Rundholzkonstruktionen und Kantholzkonstruktionen. Erstere sind zweckmäßig für einfachere Weideschutzhütten, bei denen weder Türen noch Fenster eingearbeitet sind. Mit Kantholzkonstruktionen kann dagegen genauer gearbeitet werden, sie empfehlen sich für übliche Offenstallanlagen zur Sommer- und Winterhaltung. Holz eignet sich für Offenställe ganz hervorragend. Neben guter Wärmedämmung (= wenig Schwitzwasserbildung) und ausreichender Dampfdurchlässigkeit (= kein feucht-warmes bzw. feuchtkaltes Stallklima) hat es noch folgende ideale Eigenschaften:

Holz ist
- gut zu bearbeiten,
- einfach zu reparieren,
- leicht zu transportieren,
- widerstandsfähig und
- dauerhaft (bei jährlichem Anstrich mit Holzschutzmitteln – nicht mit Lacken!).

Für Laienarbeiten kommt als Massivholz Fichten- und Tannenholz in Frage. Diese Holzarten gehören zu den Weichhölzern und sind leicht zu bearbeiten, während Eiche oder Buche Harthölzer sind, die wesentlich schwerer wiegen, nicht so leicht zu bearbeiten sind und einen stolzen Preis haben. Buchenholz arbeitet außerdem übermäßig stark, wenn es Feuchtigkeit aufnimmt. Über dieses „Arbeiten" des Holzes muß man Bescheid wissen, um unangenehme Überraschungen zu vermeiden. Infolge der Poren des Holzes, die je nach Feuchtigkeit der Luft Wasser aufnehmen oder abgeben, quillt oder schrumpft das Holz; man sagt „es arbeitet", und zwar hauptsächlich in Richtung quer zur Faser.

Wird ein Baumstamm in Bretter zersägt, erhält man in der Mitte das sogenannte Herzbrett. Es ist das wertvollste Holz mit dem kleinsten Schwundverlust beim Nachtrocknen und mit der geringsten Quellung bei Feuchtigkeit. Die weiteren Bretter des zersägten Stammes werden als Mittelbretter und als Rand- oder Seitenbretter bezeichnet. Das äußerste Stück mit der gewölbten Stammseite ist die Schwarte. Rand- oder Seitenbretter arbeiten aufgrund der größeren Poren stärker als Herzbretter oder Mittelbretter.

Wer gute Holzqualitäten wünscht (und bezahlen will), sollte darauf achten, gut getrocknete, ziemlich astfreie Bretter und Kanthölzer (Balken) zu kaufen, die keine Risse zeigen und von vornherein eben sind.

Naturholzbretter sind üblicherweise $^1/_2$ Zoll (12 mm), $^3/_4$ Zoll (18 mm) und 1 Zoll (24 mm) stark; gehobelte Bretter etwas dünner. Die Breite der handelsüblichen, besäumten Bretter schwankt zwischen 10 und 32 cm. Unbesäumte Bret-

Baumaterialien 67

Vergleich zur Kantholzkonstruktion. Um aus einem Baumstamm ein Kantholz mit den gleichen statischen Eigenschaften wie bei einem Rundholz zu schneiden, benötigt man einen doppelt so großen Holzquerschnitt. Seit der Entwicklung der „Rundholzverbinder", das sind vorgefertigte und vorgelochte verzinkte Stahlbleche, hat auch der weniger erfahrene Stallbauer die Möglichkeit, eine statisch berechenbare Blechnagelverbindung (nach DIN 1052) selbst haltbar herzustellen. Da nicht gezapft oder gebohrt wird, wird die Festigkeit des Materials nicht geschwächt. Die verzinkten Stahlbleche in Schalenform werden beidseitig auf stumpf gestoßene Rundhölzer mit starken Spezialnägeln aufgenagelt. Ein umfangreiches Programm, „System Weihenstephan" (s. Abb. 37 + 38), ermöglicht viele Konstruktionsarten.

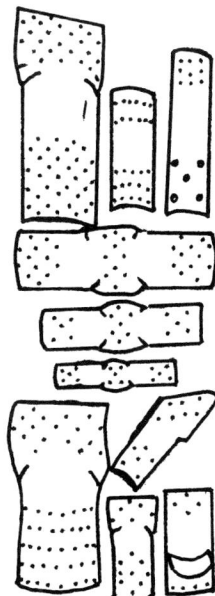

Abb. 37: Rundholzverbinder aus Zinkblech (Programm des „System Weihenstephan").

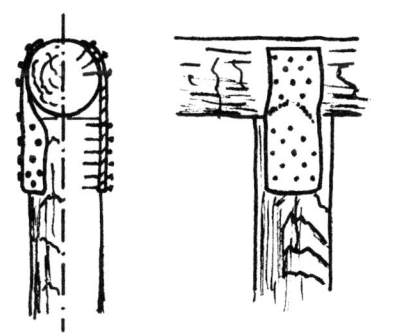

Abb. 38: Blechnagelverbindung nach DIN 1052.

ter werden von Pferdehaltern gern zur Weidezaunherstellung verwendet, da die an solchen Brettern belassene seitliche Rinde (Schwarte) originell und rustikal wirkt.

Bei Rundholzkonstruktionen liegt man kostenmäßig am günstigsten im

Sowohl bei Rundholz- als auch bei Kantholzkonstruktionen kann die Wandinnenverkleidung mit Schalbrettern, Spanplatten oder – weniger haltbar – aus Hartfaserplatten hergestellt werden. Dies sind Platten, die aus maschinell zerkleinerten Holzspänen bzw. Holzfasern mit Hilfe eines Bindemittels unter hohem Druck gepreßt sind. Solche Platten lassen sich wie Naturholz bearbeiten. Hartfaserplatten sind in Stärken von 3,5 bis 6 mm erhältlich, Spanplatten gibt es in Stärken bis etwa 24 mm. Spanplatten begünstigen die Schwitzwasserbildung, sie sollten deshalb nur als Teilverkleidung dienen. Vor allem sollten die Spanplatten frei von Formaldehyd und anderen schädlichen Beimischungen sein.

Zur Außenwandverkleidung (Wetterseite!) eignen sich Onduline-Wellplatten. Sie bestehen aus Faserstoffen, die mit bindefähigen Materialien verbunden und mit Bitumen imprägniert sind. Onduline-Wellplatten sind absolut witterungsbeständig und können durch Nagelung angebracht werden. (Vorsicht bei dünneren Wandstärken: im Stallinneren hervorstehende Nagelspitzen abkneifen oder umschlagen und im Holz versenken!) Die Platten sind 2,00 m lang und 0,89 m breit (10 Wellen je Platte) und wiegen ca. 6,8 kg je Platte. Mit einer elektrischen Säge oder einem Fuchsschwanz kann man die Platten nach Bedarf zusägen.

Pferde neigen dazu, Onduline-Wellplatten anzuknabbern oder sich an ihnen kräftig zu scheuern. Die an den Auslauf angrenzenden, mit Onduline verkleideten Außenwände schirmt man daher durch einen Zaun ab.

Neben Onduline-Wellplatten, die eine dichte Pfettenunterkonstruktion benötigen, haben sich für die Dacheindeckung von Offenställen mit Flachdach (Pultdach) Eternit-Wellplatten bestens bewährt. Diese Platten werden entsprechend der Verlegeanweisung des Herstellers mit Sechskantschrauben auf die Dachbalken (Traversen/Pfetten) geschraubt und sind sehr dauerhaft. Gebrauchte Platten, die schon einige Jahre der Witterung ausgesetzt waren, sollten nicht verwendet werden. Durch den Transport können bei älteren Platten kleine Risse entstehen, die zu Undichtigkeiten führen. Eternit-Wellplatten (Profil 8) sind 6 mm stark, 1,00 m breit und 1,25 m bis 2,50 m lang; die Nutzbreite beträgt 0,91 m (eine Welle wird beim Verlegen der Platten jeweils durch die daneben liegende Platte überdeckt). Eternit-Wellplatten sind wesentlich schwerer als Onduline-Wellplatten und wiegen je nach Länge zwischen 16 und 32 kg. Mit in die Dacheindeckung sollten Lichtplatten einbezogen werden.

Lichtplatten gibt es in den gleichen Größen wie Eternit-Wellplatten.

Um eine gute Luftzirkulation unterhalb des Stalldaches zu erreichen, können die oberhalb des Fronttraversbalkens verbleibenden Wellenöffnungen offen bleiben. Die Wellenöffnungen auf der Rückseite verschließt man mit sogenannten Traufenzahnleisten, und zwar so, daß zwischen Wellplatten und Traufenzahnleisten noch 1 cm breite Öffnungen verbleiben.

Bei längerem Aufenthalt von Pferden in einem mit Eternit oder Onduline gedeckten Stall kommt es in der Winterzeit an der Decke zu Reifansatz und Schwitzwasserbildung. Besonders bei der Offenstallhaltung höherblütiger Sportpferde empfiehlt es sich deshalb, eine zusätzliche Bretterdecke unter die Wellplatten einzuziehen (Aussparung bei Lichtplatten) und darauf alukaschiertes Isoliermaterial anzuklammern (Alukaschierung nach innen; für Hinterlüftung die Wellen frei lassen).

Das Material für Fundamente und Boden richtet sich nach der örtlichen Zulässigkeit. Man kann die Stützbalken des Stalles in Einzelfundamente oder Streifenfundamente aus Beton setzen, dies ist die stabilste Lösung. Ist die feste Verbindung des Stalles mit dem Boden aus baurechtlichen Gründen nicht erlaubt, dann kann der Stall auf ein Streifenfundament aus Ziegeln gesetzt werden. Durch Bodenanker wird die Standfestigkeit hergestellt. Der Stall sollte dann eine Rahmenkonstruktion erhalten, damit er problemlos auf- und evtl. abgebaut werden kann.

Für den eigentlichen Stallboden ist Beton wegen seiner Strahlungskälte schlecht geeignet. Bis zu einem gewissen Grade kann dieser Nachteil durch dicke Einstreu ausgeglichen werden.

Ideal ist ein durchlässiger Lehm- oder Sandboden mit einer Einstreu aus Stroh und/oder Sägespänen.

Den Boden der Nebenräume kann man – falls zulässig – betonieren oder mit dicken Brettern (Bohlen) auslegen. Plant man einen besonderen Futterplatz mit ein, dann sollte die Fläche vor der Heuwand ebenso wie die Fläche vor dem Stalleingang betoniert oder mit Ziegeln gepflastert werden. Die Betonoberfläche soll griffig sein und grob abgestrichen werden. Ziegel verlegt man in einem Sandbett. Die so befestigten Flächen lassen sich dann jederzeit gut sauberhalten. Erfahrungsgemäß halten sich die Pferde in der feuchten Jahreszeit häufig in Stallnähe vor dem Eingang auf. Die Fläche würde ohne Befestigung in kurzer Zeit in einen Morast verwandelt.

Spezialwerkzeug ist für einen Stallbau in Holzbauweise nicht erforderlich. In erster Linie werden benötigt:
● Schubkarre, Spaten, Schaufel,
● Hammer, Kneifzange, Schraubenzieher, Schraubenschlüssel,
● Wasserwaage, Meßlatte, Bandmaß, Winkel,
● Spannsäge, Fuchsschwanz, Bohrer, Hobel, Stecheisen, Schraubzwingen.

Wenn in der Nähe der Baustelle ein Stromanschluß vorhanden ist, leisten strombetriebene Geräte gute Dienste (Handkreissäge, Stichsäge, Handbohrmaschine, evtl. Kettensäge und Betonmischer).

Ist kein Stromanschluß vorhanden, empfiehlt es sich, den größten Teil des Baumaterials bereits fertig zugesägt zur Baustelle zu transportieren. Bei einem Stall in Rahmenbauweise kann man die einzelnen Elemente auch in „Heimarbeit" bauen. Dabei muß sehr genau gearbeitet werden, damit die vorgefertigten Teile am vorgesehenen Bauplatz auch exakt zusammengeschraubt werden können.

Selbst der stärkste Pferdemensch wird nicht alle Arbeiten alleine bewältigen können. Mindestens zwei Personen sind für die Aufrichtung der Stützen und Traversen sowie für die Dacheindeckung notwendig.

Die Baukosten für Offenställe in Leichtbauweise belaufen sich je m² Stallfläche auf durchschnittlich 130–150 DM. Bei vollisoliertem Dach und Seitenwänden sowie aufwendigeren Nebenräumen mit Türen und Fenstern muß mit ca. 250 DM/m² gerechnet werden – bei Selbstbau. Tabelle 3 enthält die wichtigsten Materialpreise.

Bauausführung

Wenn die detaillierte Planung einschließlich der erforderlichen Genehmigung vorliegt, wird man einen Zeitplan aufstellen, sich mit Helfern absprechen sowie Baustoffe bestellen. Dies alles sind zunächst rein organisatorische Voraussetzungen, deren Erledigung wichtig ist, um Ärger und Verzug zu vermeiden.

Wie man bei einem einfachen Stallbau vorgehen kann, soll nachfolgend beschrieben werden, damit der weniger erfahrene Pferdemensch einen Einblick bekommt. Der erfahrene Selbstbaupraktiker wird sicher hier und da noch weitere Lösungsmöglichkeiten und Ausführungsvarianten kennen.

Sind die Bauvorbereitungen abgeschlossen, wird der Bauplatz eingeebnet und mit Hilfe eines Bandmaßes vermessen,

Tabelle 3: Material/Preise

lfd. Nr.	Art	Maßeinheit	Preis – DM –
	Holz		
1	Kanthölzer, 15 × 15 cm (tauchimprägniert)	lfd. m	16,00
2	Kanthölzer, 10 × 15 cm (tauchimprägniert)	lfd. m	11,00
3	Kanthölzer, 8 × 16 cm (roh)	lfd. m	8,00
4	Kanthölzer, 10 × 10 cm (roh)	lfd. m	7,00
5	Kanthölzer, 8 × 10 cm (roh)	lfd. m	6,00
6	Rundhölzer, 12 cm ⌀	lfd. m	4,50
7	Kanthölzer, 6 × 12 cm (roh)	lfd. m	4,00
8	Latten, 4 × 6 cm (imprägniert)	lfd. m	1,50
9	Latten, 2,8 × 4,8 cm (imprägniert)	lfd. m	1,00
10	Dielenbretter, 28 cm breit, 4 cm stark	m²	25,00
11	Schalbretter, 20 cm breit, 2,4 cm stark	m²	13,00
12	Rauhspund mit Nut und Feder, 10 cm breit, 2 cm stark	m²	14,00
13	Schwartenbretter, 12–15 cm breit	lfd. m	4,00
14	Bretter, unbesäumt, 20 cm breit, 2,4 cm stark	m²	12,00
15	Spanplatten, 1,9 cm stark, wasserfest verleimt (F = 0, V 100, E 1), Größe 2,05 × 0,925 m, mit Nut und Feder	m²	11,00
	Beton		
16	Fertigbeton (z. B. Stampfbeton B 10 KS)	m³	120,00*)
17	Betonkies (ungewaschen) 1 Lkw-Ladung	(ca. 5,5 m³)	130,00*)
18	Sand, Körnung 0–3,5 mm	5,5 m³	120,00*)
19	Zement, PZ 35 f	50 kg	9,00
	*) = einschließlich Transportkosten		
	Wellplatten		
20	Onduline, 200 cm lang, 90 cm breit, 0,3 cm stark	Stück	17,00
	Eternit (P 8) 100 cm breit, farbig, Nutzbreite 91 cm, 0,6 cm stark		
21	– 250 cm lang	Stück	36,00
22	– 200 cm lang	Stück	31,00
23	– 160 cm lang	Stück	24,00
24	– 125 cm lang	Stück	19,00
25	Eternit-Firstabdeckplatte (Satteldach)	Stück	25,00
	Lichtplatten (Profil 8), 100 cm breit, Nutzbreite 91 cm		
26	250 cm lang	Stück	40,00
27	200 cm lang	Stück	30,00
	Isoliermaterial		
28	Poresta (Styropor) 50 mm stark, Platten 0,50 × 1,00 m	m²	6,50
29	Styroporplatten TS, 17/15 mm stark	m²	2,20
30	Glaswolle, Uniroll, 100er ohne Alu, 1,20 × 7,00 m	m²	11,00
31	PU-Schaum (Dose)	Stück	11,50
32	PVC-Folie, Typ 200	m²	0,50
	Sonstiges		
33	Winkeleisen, 20 × 20 cm	Stück	6,00
34	Lochplattenwinkel, 6 × 6 × 6 cm	Stück	0,60
35	Kalksandleichtsteine 11,5 cm breit	Stück	3,00
36	Ankernägel 4 × 60	Stück	0,04
37	Türbänder, 60 cm lang	Stück	8,00
38	Plattenkloben	Stück	4,00
39	Verschlußriegel	Stück	14,00
40	Holzschutzmittel (z. B. Utelineum)	kg	4,00

wobei als Orientierungspunkte die Grenzsteine des Grundstücks oder die Außenwände bereits bestehender Gebäude dienen können. Benötigt werden hierzu auch die Bauzeichnung und der Lageplan, sofern für das Projekt ein solcher angefertigt wurde. Bei größeren, genehmigungspflichtigen Stallbauten muß ein Vermessungstechniker mit Präzisionsmeßinstrumenten die Vermessung vornehmen.

Mit einer ersten Messung werden zunächst die Eckpunkte des Stalles durch je einen Holzpflock markiert. Dabei müssen wiederholt rechte Winkel (90°) abgesteckt werden. Auf dem Papier ist dies mit zeichnerischen Hilfsmitteln einfach; im Gelände praktiziert man den Lehrsatz des Pythagoras oder benutzt Instrumente. Dem Lehrsatz des Pythagoras entsprechend ergibt sich bei einem Dreieck mit dem Seitenverhältnis 3 : 4 : 5 (oder 3 m : 4 m : 5 m) immer ein rechter Winkel. Man legt als erstes eine Seitenlinie (Seitenwandflucht) fest und mißt vom Ausgangspunkt 4 m ab. Nun hat man bereits zwei Punkte festgelegt. Mit einer Schnur oder dem Bandmaß wird dann vom ersten Punkt aus ein Halbkreis mit der Länge 3 m und vom zweiten Punkt aus ein Halbkreis mit der Länge 5 m gezogen. Der dritte Punkt ist der Schnittpunkt der beiden Halbkreise. Werden diese drei Punkte/Pflöcke mit einer Schnur verbunden, erhält man ein rechtwinkliges Dreieck. Der rechte Winkel liegt in der Spitze gegenüber der langen Seite des Dreiecks, also beim Ausgangspunkt.

Nachdem die Lage des Stalles bestimmt ist, mißt man als letzte Kontrolle noch die Diagonalen quer durch den Grundriß. Wenn sich das gleiche Maß ergibt, ist alles im rechten Winkel.

Die Eckpflöcke sind nur ein Provisorium; spätestens beim Fundamentaushub werden sie entfernt. Damit die bereits ermittelten Fluchtlinien als Orientierung für die weitere Arbeit erhalten bleiben, müssen sie außerhalb der Grundrißfläche markiert werden. Um jede Ecke baut man einen Schnurbock, der aus drei Pfählen und zwei geraden Brettern besteht und so weit von den Fluchtlinien entfernt steht, daß dazwischen noch genügend Arbeitsraum verbleibt. Die Oberkante der Schnurbretter kann gleichzeitig ein bestimmtes Höhenmaß (z. B. 50 cm über Fundamentniveau) festlegen. Als Hilfsmittel für die horizontale Übertragung von Meßpunkten dient entweder eine Schlauchwaage oder bei kleineren Ställen ein gerades Brett, welches an einem Meßpunkt aufgelegt wird und mit Hilfe einer Wasserwaage entsprechend auszurichten ist.

Es folgt die Fundamentherstellung sowie das Setzen der Stützbalken und die Befestigung der Dachbalken (Traversen).

Soll der Stall ein Streifenfundament erhalten (Tiefe 0,70 m bis 1,00 m, 0,10 m über Erdboden), können die Stützbalken entweder vor Herstellung des gesamten Fundamentes eingegossen werden oder aber anschließend in vorbereitete Fundamentöffnungen einbetoniert werden. Will man die Stützbalken erst nach Herstellung des Streifenfundamentes einbetonieren, müssen die Fundamentöffnungen bereits bei der Verschalung genau festgelegt werden. Es ist zweckmäßig, hierzu Balkenabschnitte (2-3 cm stärker als die Stützbalken) zu verwenden, die in die Verschalung eingesetzt und gut befestigt werden, damit sie beim Ausgießen der Verschalung mit Beton nicht verrutschen. Noch bevor der Beton angetrocknet ist, müssen die-

72 Bauausführung

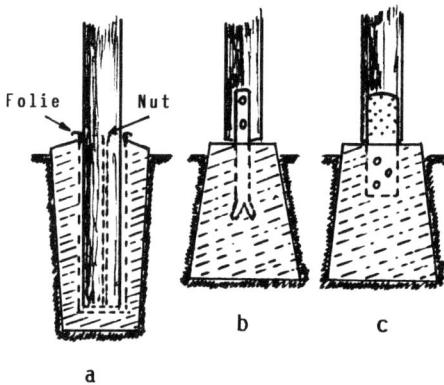

Abb. 39: Einspannarten von Rundholzmasten oder Kantholzstützen in Fundamente:
a) direkte Einspitzung in den Beton (mit Nuten und Folie zum Einfüllen von Holzschutzmittel),
b) Einspannung durch Anschrauben an einbetonierten Flacheisenanker,
c) Einspannung mit Rundholzverbinder.

Kantholzstützen oder Rundhölzer als Stützen können auch durch in Beton gegossene Metallanker mit dem Boden verbunden werden (s. Abb. 39 u. 40).

Die Stützbalken müssen paarweise gesetzt und sehr genau ausgerichtet werden. Jedes Stützbalkenpaar wird gleichzeitig durch genügend starke Winkeleisen oder bei Rundholzkonstruktion durch Nagelverbinder mit dem zugehörigen Dachbalken verschraubt (s. Abb. 38 auf S. 67). Damit vor dem Trocknen des Betons eine gewisse Stabilität gewährleistet ist und die Abstände zwischen den einzelnen Stütz- und Traversbalken korrekt erhalten bleiben, werden sie untereinander jeweils mit zwei Brettern verbunden.

se Balkenstücke entfernt werden. Verzichtet man auf Streifenfundamente und setzt die Stützbalken in Einzelfundamente, muß gewährleistet sein, daß das Stallbodenniveau über dem Außenboden liegt.

Wenn der Beton seine Stabilität erreicht hat (Trocknungszeit hängt von der Betongüte ab), beginnt die Dacheindeckung. Die provisorisch angenagelten Abstandsbretter werden von den Dachbalken entfernt und anschließend schraubt man die Onduline- oder Eternit-Wellplatten und Lichtplatten entsprechend der Verlegeanweisung des Herstellers (hinten beginnen) auf die

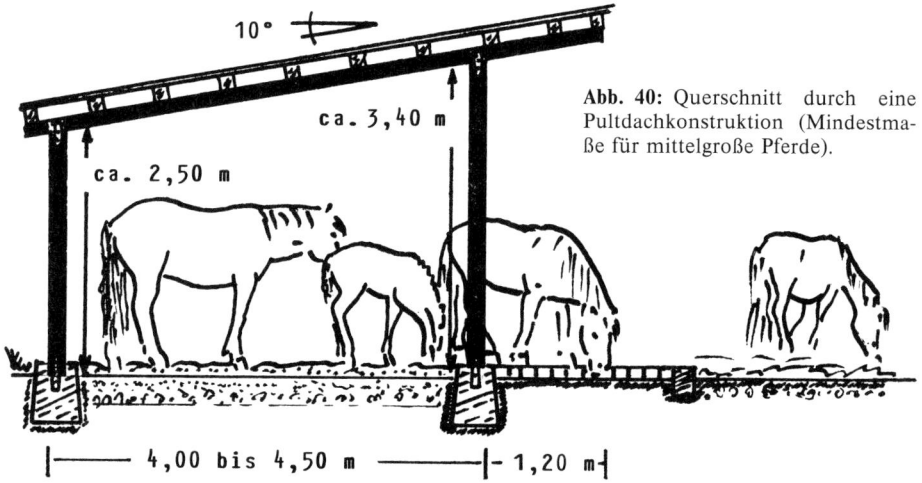

Abb. 40: Querschnitt durch eine Pultdachkonstruktion (Mindestmaße für mittelgroße Pferde).

Bauausführung 73

Abb. 41: Verlegung von Bitumenwellplatten:
a) Falsche Nagelfolge,
b) Richtige Nagelfolge,
c) Seitenüberdeckung unter Beachtung der Hauptwindrichtung mindestens eine Welle.

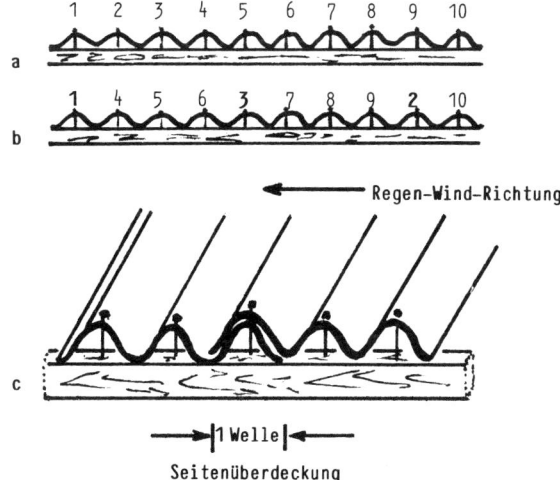

Balken (s. Abb. 41). Das Dach sollte an der Vorderfront mindestens 50–100 cm überstehen.

Als nächstes hebt man den Stallboden aus und füllt mit Schotter, Kies und Sand wieder auf. Betonböden für Nebenräume können gleichzeitig oder sofort anschließend an die Fundamentherstellung gegossen werden. Böden aus Bohlen sollten auf Kanthölzern verlegt werden. Dies ist besonders wichtig für einen Heulagerraum, damit unter dem Bretterboden Luft zirkulieren kann und somit der Schimmelbildung vorgebeugt wird. Das Holzmaterial (Stützbalken, Bohlen usw.) muß vor Verwendung gut mit Holzschutzmitteln imprägniert werden. Man verwende ausschließlich schadstoffarme Imprägniermittel.

Nun ist der Stallbau schon weit fortgeschritten, die aufwendigsten und schwierigsten Arbeiten sind geschafft und die Stabilität der Gesamtkonstruktion läßt hoffentlich keine Zweifel an den Fähigkeiten des Erbauers aufkommen!

Nach einer „Verschnaufpause", die man als nachträgliches Richtfest nutzen kann, folgen Herstellung/Anbringen
• der Außenwände (bei Stülpschalung die Bretter immer von unten nach oben aufnageln),
• der Innenverkleidung bzw. Verschalung und evtl. Wand-/Deckenisolierung,
• der Außenverkleidung (Onduline),
• der Innenwände,
• der Dachrinne, Traufenzahnleisten, Giebelwinkel oder Ortgangbretter,
• der Türen (Stalltüren sollten sich nach links öffnen lassen, da man Pferde mit der rechten Hand führt; im Einzelfall kann auch die Öffnung nach rechts zweckmäßig sein. Untertüren müssen sehr stabil und mit zwei Riegeln verschließbar sein: unten Schubriegel, oben Viehstallriegel (sog. „Schweinestallriegel", den Pferde nicht öffnen können) und
• der Heuwand (entweder stationär oder verschiebbar auf Rollen) mit Futterluken oder
• der Freßständer im Fütterungsteil der Anlage (Seitenwände möglichst 2 m hoch, um Futtergerangel zu vermeiden).

74 Bauausführung

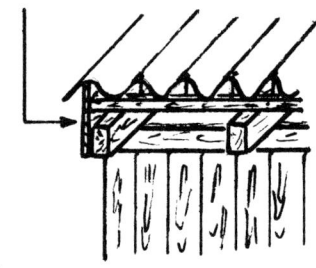

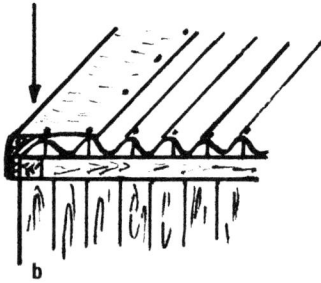

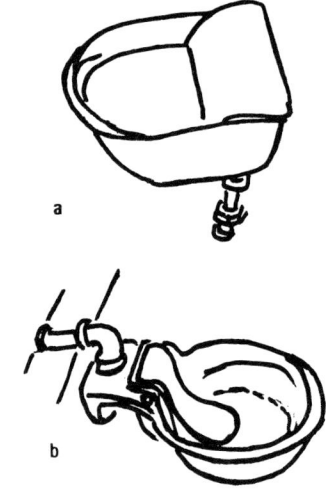

Abb. 44: Selbsttränkebecken.
a) Schwimmersystem (stets gleicher Wasserstand),
b) Ventilzungensystem (Wasser strömt bei Druck auf die Ventilzunge ein).

Abb. 42: Seitlicher Abschluß (Ortgangabschluß) bei Eindeckung mit Wellplatten:
a) bei seitlichem Überstand der Wellplatten Abschluß mit einem Ortgangbrett,
b) bei Auflage der letzten Welle auf der Unterkonstruktion Abschluß mit Giebelwinkeln aus unterschiedlichen Materialien.

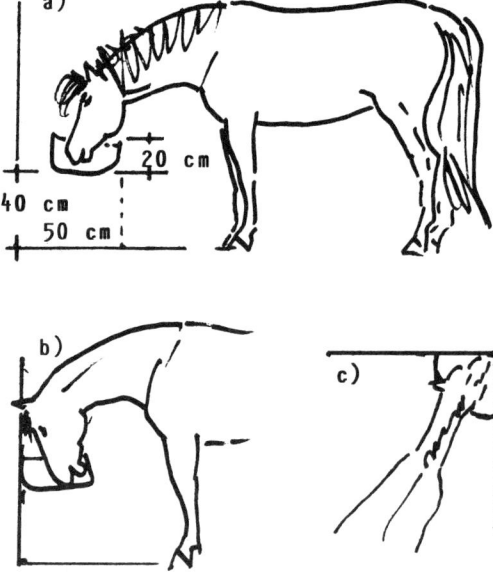

Abb. 43: Anbringung der Futterkrippe:
a) Empfehlenswerte Form und Maße,
b) ungünstige Form und Anbringung,
c) empfehlenswerte Eckfutterkrippe.

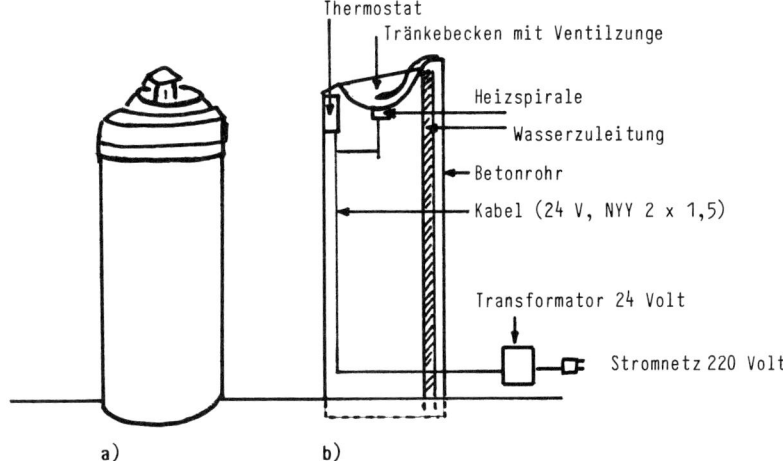

Abb. 45: Heizbares Tränkebecken.
a) Tränkebecken im Betonsockel,
b) Installationsprinzip.

Der Innenausbau wird abgeschlossen durch
- die Elektroinstallation (nach VDE-Vorschrift für Feuchträume; Installation darf für Pferde nicht erreichbar sein; Abnahme durch Elektromeister; in jedem Fall ist ein FI-Schutzschalter erforderlich),
- die Wasserinstallation (Tränkebecken, Rohrleitungen) und
- den Ausbau der Nebenräume.

Allgemein sei noch hinzugefügt, daß der Stall absolut zugfrei sein muß, die Stützbalken leicht abgerundet werden sollten und keine scharfkantigen Metallbeschläge angebracht werden dürfen. Hervorstehende oder herumliegende Nägel sind zu entfernen. Bei Holzställen darf die Brandgefahr nicht unterschätzt werden, vorsorglich bringe man einen Feuerlöscher an (evtl. in der Sattelkammer oder an einer von den Pferden nicht erreichbaren Außenwand).

Beispiele für zweckmäßige Offenstallanlagen

Anlage I

Bei der Offenstallanlage I (siehe Abbildungen 46 und 47 sowie Tabelle 4) handelt es sich um eine Grundkonzeption, die in Fläche und Aufteilung alle Mindestanforderungen für die Haltung von zwei Großpferden berücksichtigt.

Die Grundfläche für den Stallbau beträgt 4,50 m × 10,00 m = 45 m², davon Offenstallfläche 27 m², Notbox oder Lagerraum 3,00 m × 4,00 m = 12,00 m² und Sattelkammer bzw. Geräteraum 1,50 m × 4,00 m = 6 m². Der Auslauf hat mit 9,00 × 11,50 m Paddock-Abmessungen (103,5 m²), ist also ein Kleinauslauf, der für die Haltung im Offenstall mindestens vorhanden sein muß. Insofern ist diese dargestellte Grundkonzeption nur ein Kompromiß, der realistischerweise oftmals gegebene örtliche Platzprobleme berücksichtigt. Im Idealfall wären für das Stallgebäude die doppelte Grundfläche und für den Auslauf die vierfache Fläche wünschenswert.

76 Baupläne

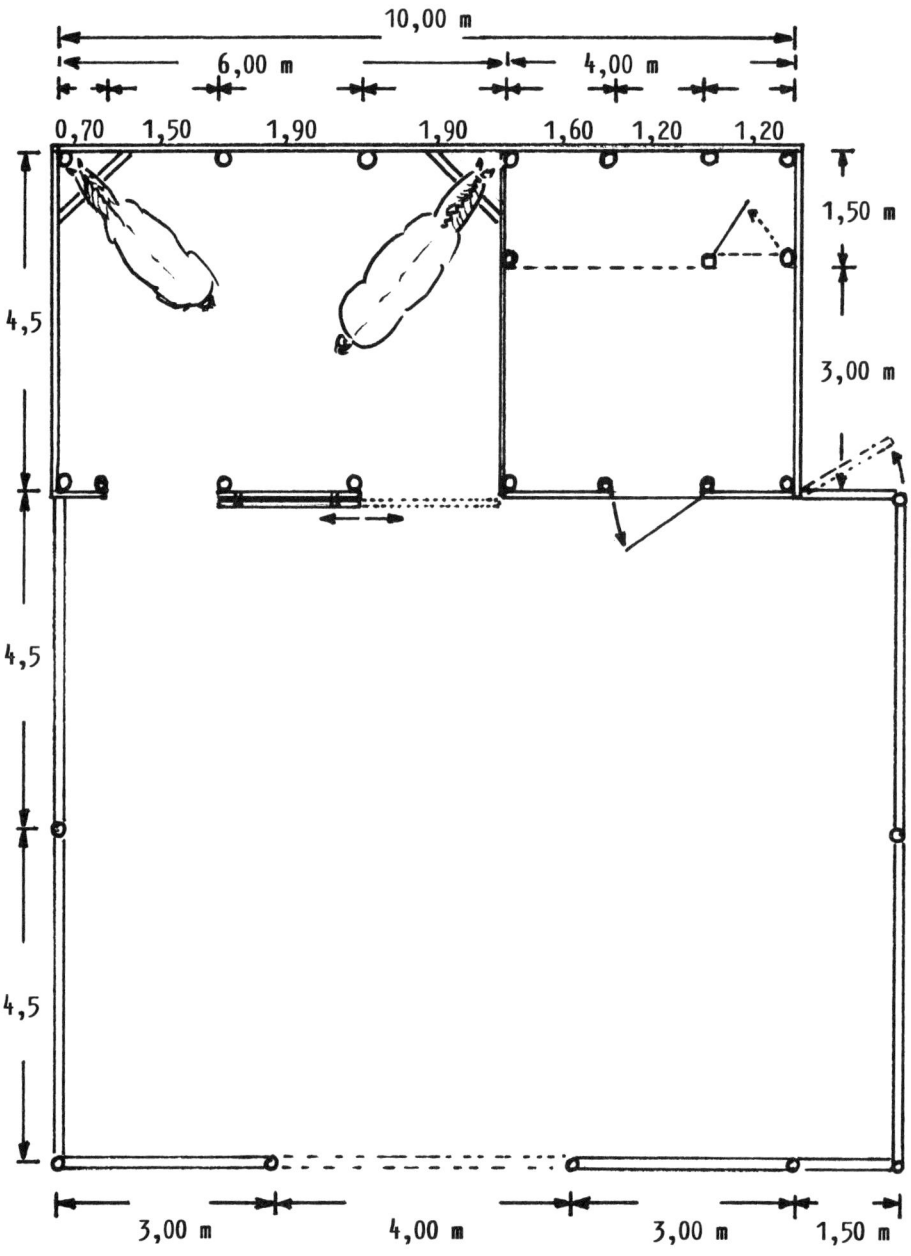

Abb. 46: Grundriß der Offenstallanlage I mit Paddock für zwei Pferde.

Was den Lagerraumbedarf betrifft, so rechnet man wie folgt: 200 Wintertage × Tagesration Heu (für zwei Pferde 2 × 7 kg) = 28 dz = rd. 200 Ballen hochdruckgepreßtes Heu (à 14 kg/Ballen). Stapelt man die Ballen locker mit Zwischenräumen, dann werden rd. 50 m³ Raum benötigt (1 m³ = 4 Ballen). Dabei muß zusätzlich noch der Lagerraumbedarf nach Bedarf problemlos mit einem Doppel-Pferdeanhänger ca. 40 Ballen zum eigenen Stall transportieren. Für einen solchen Transport dürfen allerdings nur solche Anhänger verwendet werden, die

Abb. 47: Ansicht der Offenstallanlage I mit Paddock für zwei Pferde (Gesamtfläche 155 m²).

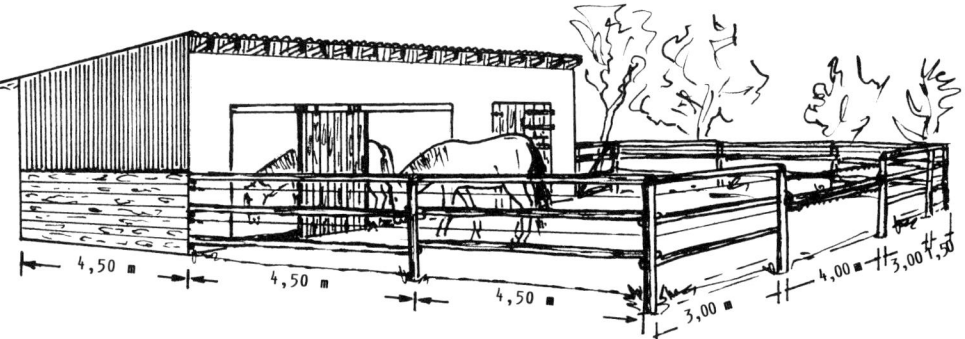

darf für Einstreu und Kraftfutter berücksichtigt werden. Platzsparend ist der sackweise Kauf von Sägespänen und Kraftfutter. Bei der hier dargestellten Grundkonzeption reicht der Lagerraum mit einer Grundfläche von rd. 12 m² und einer mittleren Höhe von 3,00 m gerade aus, um die Hälfte des Wintervorrats aufzunehmen. Bei Heukauf und beengter Lagerraumkapazität wird es deshalb unumgänglich sein, einen Teil des Wintervorrats beim Verkäufer solange zu lagern, bis in der Mitte des Winters wieder genügend Raum vorhanden ist. Nicht ratsam ist, nur einen Teil des Wintervorrats im Sommer zu kaufen und den Rest erst dann, wenn Platz vorhanden ist. Denn dies wird im Winter erst der Fall sein, wenn die Nachfrage nach Heu erheblich ansteigt und die Preise sehr leicht von ca. 30 DM je Doppelzentner (ca. 6-7 Ballen) auf 50 DM ansteigen! Bei auswärtiger Lagerung kann man eine eigene Kfz-Zulassung besitzen. Verwendet man Anhänger, die nur eine Betriebserlaubnis zum Transport von Pferden besitzen, also keine eigene Kfz-Nummer erteilt bekommen haben, riskiert man ein Bußgeld!

Für die Konstruktion des Gebäudes kann die Pultdach-Kantholz- oder Rundholzbauweise in Betracht kommen. Die Rundholzbauweise ist etwas kostengünstiger, hat aber den Nachteil, daß bei Türeinfassungen usw. nicht so exakt gearbeitet werden kann wie mit verhältnismäßig geraden, abgelagerten Kanthölzern.

Die Traufenhöhe des Gebäudes beträgt vorn 3,50 m und hinten 3,20 m. Die Türen sind – je nach den örtlichen Verhältnissen – entgegen der Hauptwindrichtung anzubringen. Bei Türöffnungen nach Süden sollte der Dachüberstand nach Möglichkeit mehr als 1 m betragen, um zusätzlichen Sonnen-

Tabelle 4: Kostenzusammenstellung Offenstallanlage I		
Bezeichnung	Material (lfd. Nr. aus Tabelle 3)	Gesamtpreis (DM)
Beton für Streifenfundamente, 2 m³	16	240,00
Kanthölzer 8 × 16 cm für Stützen, Traversen und Sparren sowie Fachwerk, 150 lfd. m	3	1 200,00
Rauhspund mit Nut und Feder für Außenwandverkleidungen und Türen, 70 m²	12	980,00
Schalbretter für Innenwandverkleidungen und Decke, 110 m²	11	1 430,00
Isolierung und Dampfsperre, 110 m²	30, 32	1 270,00
Dachlatten, 200 lfd. m	9	70,00
Latten 4 × 6 für Wandinnenausfachung, 70 lfd. m	8	105,00
Dielenbretter 40 mm stark für Trennwand und Freßecken, 16 m²	10	400,00
Ondulineplatten für Dach und teilweise Außenwandverkleidung, rd. 60 Stück	20	1 020,00
Auslaufumzäunung		
– 100 lfd. m Rundhölzer	6	450,00
– 10 Pfosten à 2,50 m	–	80,00
– Isolatoren und E-Draht	–	20,00
Offenstall- und Auslaufboden (0,5 m tief)		
– Auskofferung des Bodens und Abfuhr		
– Auffüllmaterial Schotter, Körnung, Sand insg. 80 m³		2 500,00
– Porosit-Drainagerohre		
Beschläge, Nägel, Schrauben etc.	–	535,00
Insgesamt ca.		10 300,00

schutz zu gewährleisten. Die Wände des Stalles sind zweischalig mit Isolierung aufgebaut, und zwar außen Rauhspund und Ondulineverkleidung, Isolierung Uniroll-Filz in einem Lattenfachwerk mit aufgetackerter (nach innen liegender) PVC-Folie als Dampfsperre und innen Schalbretter auf Latten.

Das Dach besteht aus einer Balkenlage (Sparren) mit Schalholzverbretterung als Unterdecke zum Stallinnenbereich. Zwischen den Sparren ist eine Isolierung aus Uniroll-Filz mit Alukaschierung (zur Stallinnenseite) angebracht (die Isolierung muß ca. 2 cm hinterlüftet bleiben, also Isolierstärke 2 cm geringer als Balkenstärke!). Eingedeckt ist das Dach mit Ondulinewellplatten auf einer Dachlattenunterkonstruktion (auf die Sparren genagelt).

Der Offenstall besitzt zwei Eingänge, damit nicht das ranghöhere Pferd dem Artgenossen nach Lust und Laune den Zugang verwehren kann. Eine Schiebetür auf gesicherten Rollen bietet die Möglichkeit, einen Eingang fest zu verschließen (der andere könnte durch Stangen bei Bedarf verschlossen werden; evtl. auch mit einem zusätzlichen E-Draht, wenn Pferde sicher vorübergehend eingesperrt werden sollen aus den unterschiedlichsten Gründen).

Im Offenstall befinden sich Freßecken aus Holzbohlen mit Alukante. In diese Freßecken füllt man aufgeschütteltes Heu oder stellt Kraftfuttereimer hinein. Der Boden der Freßecken muß 30–40 cm höher sein als das Stallbodenniveau, damit die Pferde ohne ständige Verrenkungen auch die Futterreste vom Boden aufnehmen können. Der Lagerraum erhält zum Auslauf eine geteilte Tür (Höhe je nach Pferdegröße ca. 2,20 m–2,60 m, Breite 1,20 m, Teilung bei 1,30–1,40 m). Den Eingang zum hinteren Teil (Sattel-/Geräteraum) kann man auch nach außen verlegen.

Die Einzäunung des Auslaufs besteht aus imprägnierten Rundhölzern, die mit zusätzlichen Elektrodrähten gesichert sind. Zweckmäßig ist ein großes Eingangstor von ca. 4,00 m Breite, um eine ausreichende Einfahrt für Transportfahrzeuge vorzuhalten (Heutransport, Sanderneuerung).

Anlage I (modifiziert)

Während bei der als Grundkonzeption beschriebenen Anlage I Liege- und Freßbereich nicht getrennt waren, kommt die in Abbildung 48 als Grundriß skizzierte modifizierte Anlage I durch Trennung der beiden Bereiche den modernen Erkenntnissen entgegen. Es hat sich nämlich gezeigt, daß es einerseits aus arbeitstechnischen Gründen, aber andererseits auch aus Gründen der Hygiene und Einstreuersparnis zweckmäßig ist, beide Funktionsbereiche zu trennen. Verbringen nämlich die Pferde während der Winterzeit verhältnismäßig lange im eigentlichen Offenstall damit, ihr Heu aufzunehmen, setzen sie durchweg auch Kot und Urin im Liegebereich

Abb. 48: Grundriß der modifizierten Offenstallanlage I mit Freßständern und Liegebereich für drei Pferde.

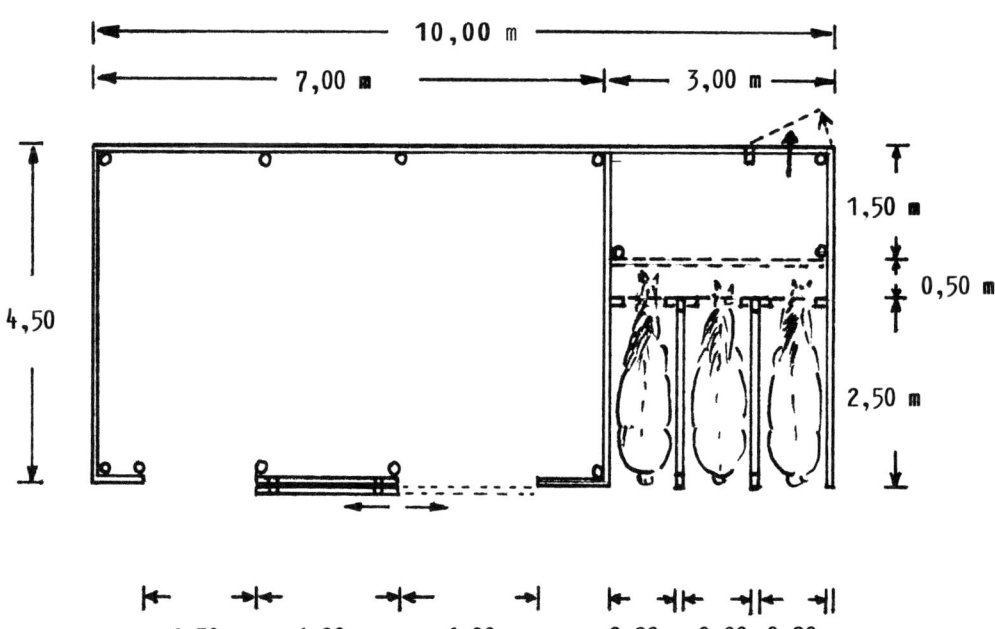

80 Baupläne

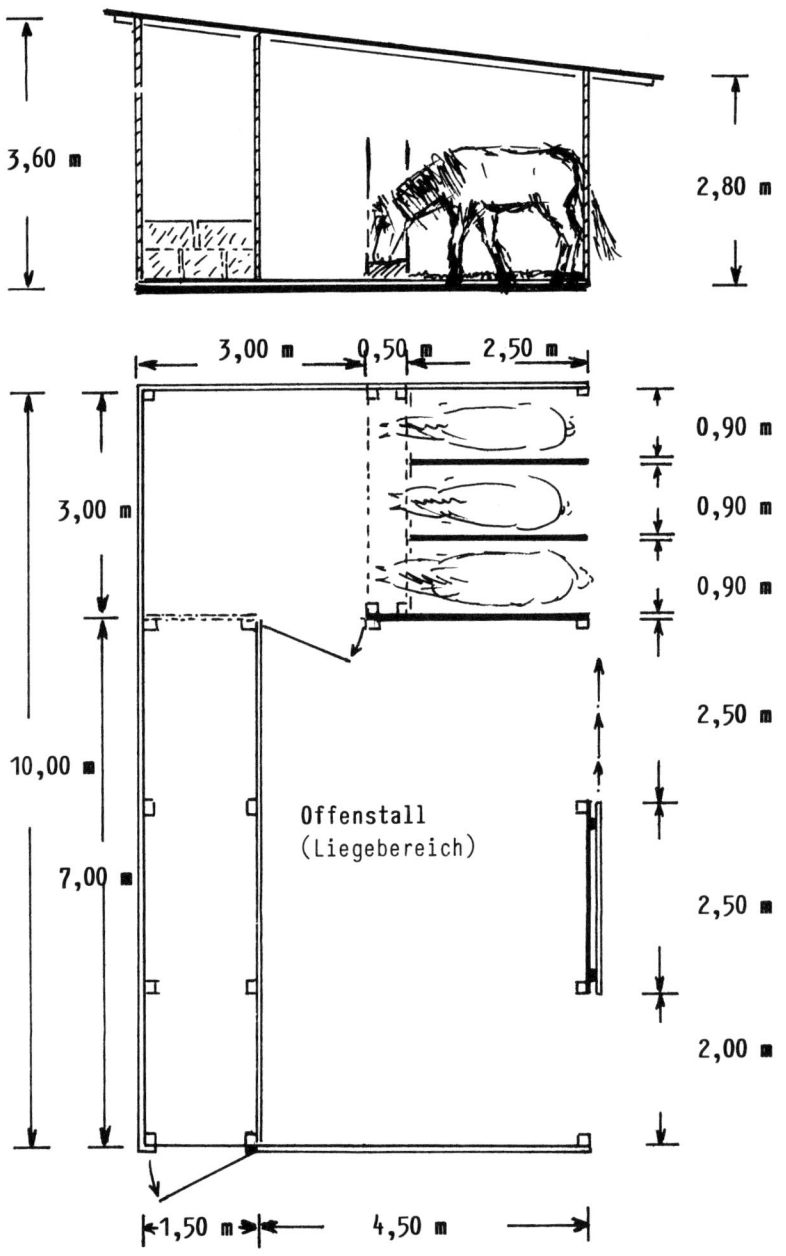

Abb. 49: Grundriß und Schnitt durch die Offenstallanlage II mit Freßständern und Liegebereich für drei Pferde sowie Notbox und Heulagerraum (Grundfläche ca. 60 m²).

ab. Durch Trennung beider Bereiche werden der Liegestall und die Einstreu weit weniger durch Exkremente verunreinigt, denn die Pferde setzen entweder ihren Kot während des Fressens in den Freßständern ab (befestigter Boden!) oder verlassen diesen, um im Auslauf zu „äpfeln". Es gibt aber auch „Experten",

2,50 m Tiefe bis auf eine Traufenhöhe um 3,00 m.

Anlage II

Die Offenstallanlage II (siehe Abbildungen 49 und 50 sowie Tabelle 5) basiert auf der Grundkonzeption der modifi-

Abb. 50: Ansicht der Offenstallanlage II für drei Pferde.

die zum Urinieren extra den Liegebereich aufsuchen, weil ihnen das Urinieren über weicher Einstreu angenehmer ist als im Sandauslauf oder gar über Beton. Pferde, die ein übertriebenes sog. „Markierungsverhalten" zeigen (meist Wallache) oder aus unhygienischer Aufzucht stammen, können allerdings dazu neigen, grundsätzlich ihre Exkremente im Liegebereich abzusetzen. Das sind aber Ausnahmen.

Da die Stallgrundfläche insgesamt mit 45 m² unverändert geblieben ist, fehlt in der dargestellten veränderten Anlage ein Lagerraum. Dafür ist aber der Liegebereich auf 7,00 m × 4,50 m = 31,5 m² vergrößert worden. Das reicht aus für die Haltung von drei verträglichen mittelgroßen Pferden. Notwendig ist dann allerdings ein separater Lagerraum oder aber die Erweiterung der Stallanlage an der Rückseite um ca.

zierten Anlage I (Abb. 48). Größe des Liegebereichs und der Freßständer sind identisch. Der rückwärtige Teil ist allerdings bei Anlage II um 1,50 m erweitert, so ergibt sich ein schmaler Lagerraum (unter Berücksichtigung eines Durchgangs können hier ca. 80-100 Ballen Heu gelagert werden) sowie eine Notbox. Das Dach ist - im Gegensatz zur Anordnung bei der Anlage I - mit Gefälle nach vorn zum Eingang angeordnet. Dies begünstigt eine bessere Lagerraumkapazität im hinteren Stallteil. Die Traufenmaße (3,60 m und 2,80 m) beziehen sich auf eine Haltungsanlage für mittelgroße Pferde. Für die Haltung von Warmblütern ist die Traufenhöhe der Eingangsseite mindestens um 0,50 cm zu erhöhen. Die hintere Traufenhöhe müßte dann ebenfalls zur Beibehaltung eines ausreichenden Gefälles erhöht werden auf 3,90 m-4,20 m.

Bei der Materialkostenaufstellung ist im Vergleich zur Anlage I wesentlich, daß Anlage II eine sparsamere Bauaus-

Tabelle 5: Kostenzusammenstellung Offenstallanlage II		
Bezeichnung	Material (lfd. Nr. aus Tabelle 3)	Gesamtpreis (DM)
Beton für Streifenfundamente und Lagerraumboden, 6 m³	16	720,00
Kanthölzer 8 × 16 cm für Stützen, Traversen, Sparren und Fachwerk (Ausfachung der Wände), 190 lfd. m	3	1520,00
Schalbretter für Außenwandverkleidung, 80 m²	11	1040,00
Dielenbretter 40 mm stark für Trennwände und Freßständer, 25 m²	10	625,00
Eternitdacheindeckung, 43 Stück à 2,00 m	22	1333,00
Lichtplatten, 5 Stück à 2,00 m	27	150,00
Außenverkleidung Onduline grün, 60 Platten	20	1020,00
Türen, Rauhspund, ca. 15 m²	12	210,00
Nägel, Beschläge, Schrauben, Holzschutz	–	582,00
Insgesamt ca.		7200,00

führung ohne isolierte Wände darstellt, die eher für die Haltung mittelgroßer typischer Wochenendpferde geeignet ist als für regelmäßig sportlich eingesetzte Vierbeiner. Auch sind die Positionen Bodenaufbau und Auslaufeinzäunung in der Kostenzusammenstellung für Anlage II nicht enthalten!

Anlage III

Durch die Erweiterung der Anlage II um 4,50 m ergeben sich weitere individuelle Haltungsmöglichkeiten (siehe Abbildung 51). Die gesamte Anlage ist für 5–6 mittelgroße Pferde um 1,45 cm Stockmaß geeignet, wenn anderweitige Lagerraumkapazität vorhanden ist. Durch die Erweiterung ergibt sich auch die Möglichkeit, zwei getrennte Pferdegruppen zu halten, also z. B. Stuten mit Fohlen getrennt von den Sportpferden o. ä. Nimmt man den Erweiterungsteil ausschließlich als Lagerraum, dann ist die Anlage räumlich einschließlich Lagerraumkapazität ausreichend für die Haltung von drei Pferden.

An Materialkosten für die Erweiterung um 27 m² entstehen bei gleicher Ausführung wie Anlage II etwa 2600 DM. Bei Eigenhilfe würde die komplette Anlage III demnach knapp 10 000 DM kosten.

Anlage IV

Ideal für die Haltung einer ausgeglichenen Ponygruppe (Shetland oder Welsh) ist Offenstall IV mit einer Gesamtfläche von 50 m² (siehe Abbildungen 52 und 53 sowie Tabelle 6). Bis zu vier Ponys um Stockmaß 1,20 m lassen sich unterbringen bei einem separaten Liegebereich von 25 m² und einem Freßstall von rd. 7 m². Bei verträglichen Tieren kann auf abgetrennte Freßstände mit Seitenwänden verzichtet werden. Es reicht dann aus, im Freßstall eine Trennwand mit Futterluken, deren Breite und Höhe der Pferdegröße angepaßt sein muß, zu errichten. Anlage IV ist ein Beispiel für die optisch und statisch sehr rustikale, landschaftsangepaßte Rundholzbauweise. Das aufgezeigte Beispiel geht von einer

Baupläne 83

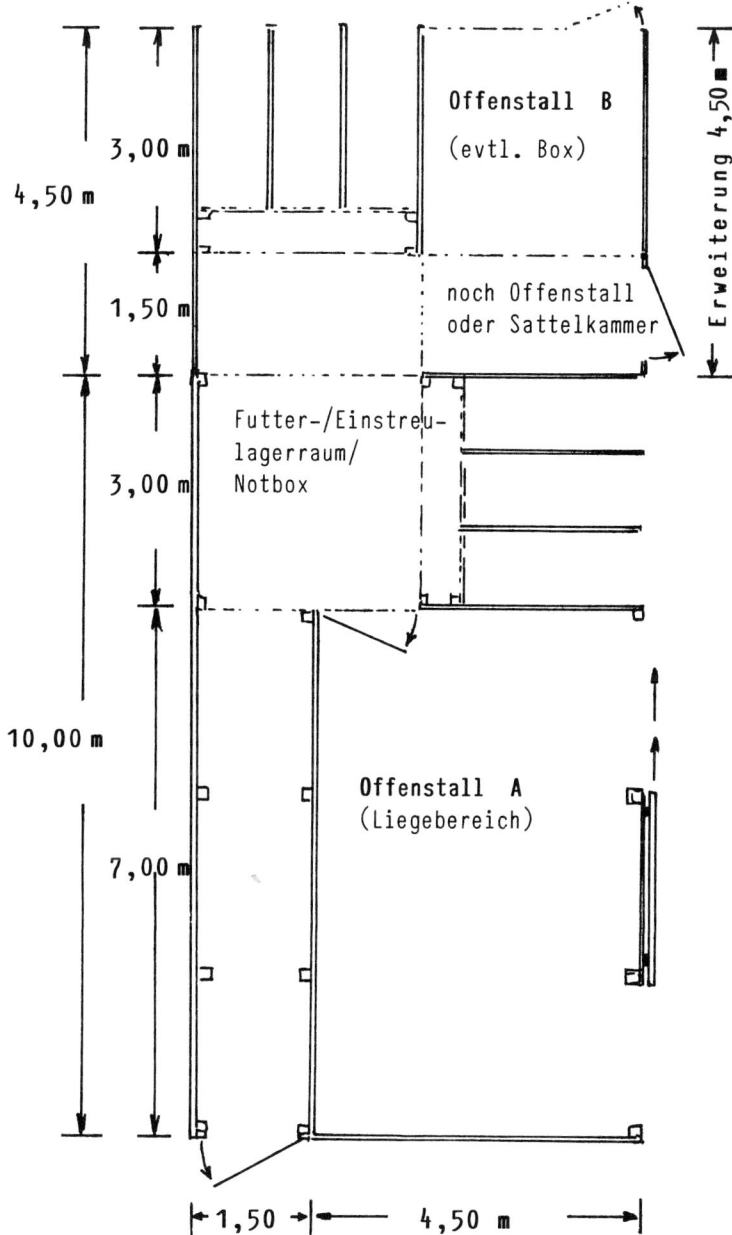

Abb. 51: Grundriß der Offenstallanlage III (= erweiterte Anlage II) mit Freßständern und Liegebereich für maximal sechs Pferde sowie der Möglichkeit, zwei getrennte Offenstallgruppen zu bilden oder auch Gastpferde- oder Notboxen durch variable Wände vorzuhalten (Grundfläche ca. 87 m²).

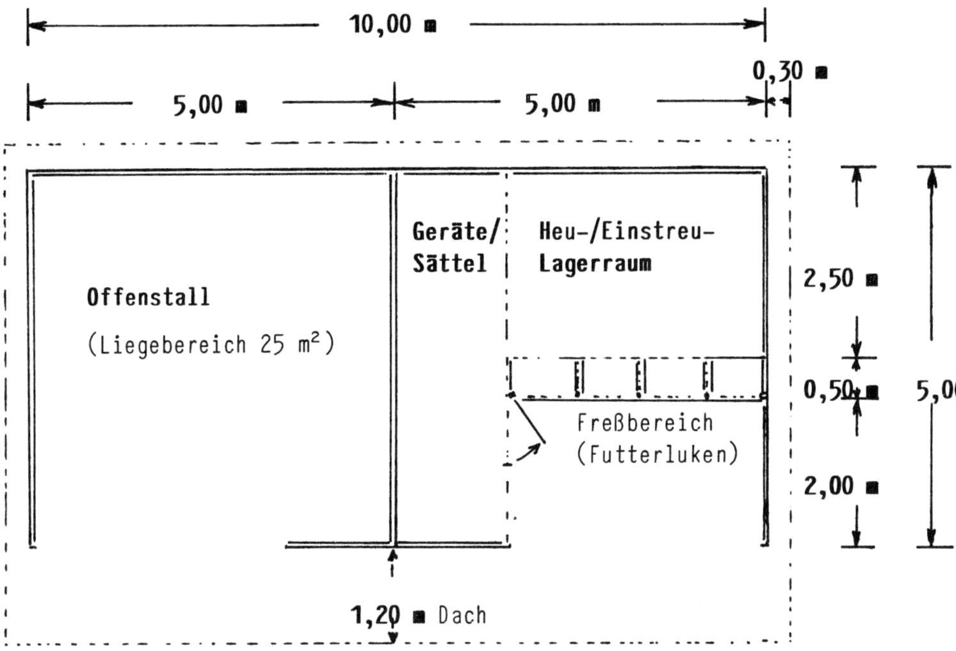

84 Baupläne

Abb. 52: Grundriß der Offenstallanlage IV (Gesamtfläche 50 m²).

Abb. 53: Ansicht der Offenstallanlage IV mit getrenntem Liege- und Freßbereich (Futterluken) für vier kleinere Pferde oder zwei Großpferde.

Baupläne 85

Tabelle 6: Kostenzusammenstellung Offenstallanlage IV		
Bezeichnung	Material (lfd. Nr. aus Tabelle 3)	Gesamtpreis (DM)
Beton für Streifenfundamente und Lagerraumboden, 4 m³	16	480,00
Rundhölzer, ∅ 12 cm, für massive Blockhausbauweise (Wände, Stützen, Traversen und Sparren)	6	6000,00
Dielenbretter für Futterwand, 10 m²	10	250,00
Rauhspund für Tür, 2,5 m²	12	35,00
Dacheindeckung, 36 Stück à 2,50 m	21	1296,00
Lichtplatten, 4 Stück à 2,50 m	26	160,00
Beschläge, Holzschutz usw.	–	829,00
Insgesamt ca.		8800,00

Tabelle 7: Kostenzusammenstellung Offenstallanlage V		
Bezeichnung	Material (lfd. Nr. aus Tabelle 3)	Gesamtpreis (DM)
Beton für Bodenankerfundamente	16	120,00
Bodenanker (7 Stück)	–	70,00
Stützen (7 Stück)	1	315,00
Traversen (2 à 6,00 m; 2 à 5,00 m)	2	242,00
Sparren (6 à 3,50 m)	3	168,00
Firstbalken	3	56,00
Latten (60 m für das Dach, 40 m für Wände)	8	150,00
Eternitplatten (32 Stück à 2,00 m)	22	992,00
Firstplatten (8 Stück)	25	200,00
Giebel-/Ortgangbretter (24 lfd. m = 4,8 m²)	11	62,00
Wand-/Giebelaußenverkleidung (Rauhspund)	12	560,00
Wandinnenverkleidung (auf Latten)	11	429,00
Schrauben, Nägel, Holzschutz	–	136,00
Insgesamt ca.		3500,00

Stallhöhe aus, die für Ponys ausreicht (vordere Traufenhöhe rd. 2,80 m, hintere Traufenhöhe rd. 2,30 m). Bei geänderten Traufenhöhen wäre dieser Stall flächenmäßig auch gut für zwei Großpferde geeignet, wobei dann im Freßbereich zwei Freßständer anzuordnen wären. Die dadurch gesparte Freßbereichsfläche käme dem Geräte- oder Lagerraum zugute; man erhielte dadurch rd. 12 m³ mehr Lagerraumvolumen.

Anlage V

Offenstall V (s. Abb. 54 und Tabelle 7) ist ein Beispiel für die Ausführung einer einfachen Holzkonstruktion mit Satteldach. Bei einer Grundfläche von 5 × 6 m sowie einer Gesamthöhe von ca. 4 m (Seitenwandhöhe 3 m), eignet sich dieser Stall sehr gut für zwei Großpferde. Das skizzierte Beispiel umfaßt nur die bauliche Mindestausstattung bei Ver-

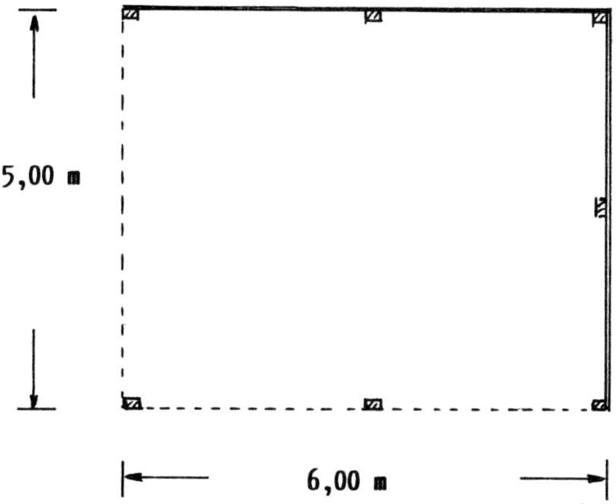

86 Baupläne

Abb. 54: Grundriß und Ansicht Offenstall V mit Satteldach (Grundfläche 30 m²).

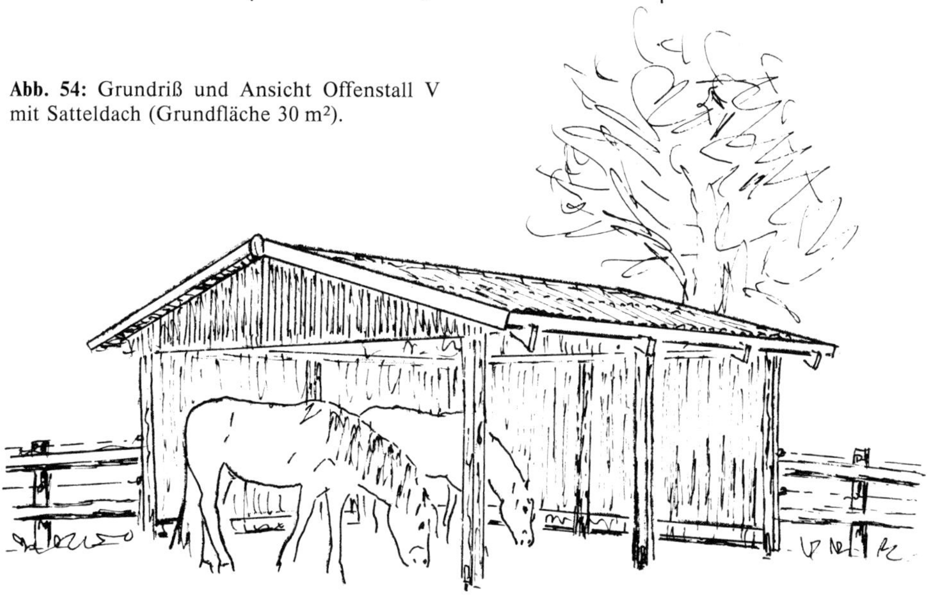

wendung als Weideschutzhütte. Durch Verbretterung der zweiten Giebelseite und Einbau von Freßgittern wäre dieser Stall auch als Winteroffenstall verwendbar.

Die Baukosten für den zweiseitig geschlossenen Stall belaufen sich bei größtmöglichem Einsatz von Eigenhilfe auf ca. 3500 DM.

Anlage VI

Offenstall VI (s. Abbildung 55 und Tabelle 8) kann mit einer Grundfläche von 9 m² als einfache Weideschutzhütte für zwei Pferde in Isländergröße dienen. Als Ganzjahresoffenstall ist die Grundfläche zu gering; auch müßte dann in jedem Fall die dritte Seite geschlossen werden.

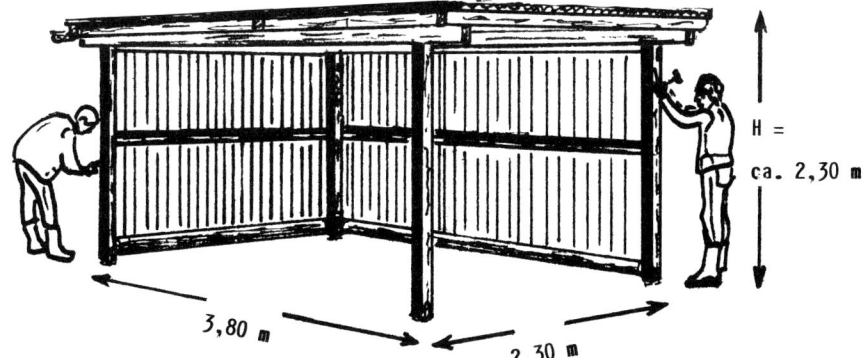

Abb. 55: Offenstall VI mit Pultdach (einfache Weideschutzhütte mit nach Westen und Norden geschlossenen Seiten; Mindestmaße für Pferde in Isländergröße).

Tabelle 8: Kostenzusammenstellung Offenstallanlage VI		
Bezeichnung	*Material (lfd. Nr. aus Tabelle 3)*	*Gesamtpreis (DM)*
Beton für Bodenankerfundamente	16	40,00
Bodenanker (4 Stück)	–	40,00
Stützen (4 Stück)	1	140,00
Traversen (2 à 3,80 m)	2	84,00
Traversen (3 à 2,30 m)	2	76,00
Mittelbalken Seite (1 à 3,50 m)	2	39,00
Mittelbalken Rückseite (1 à 2,00 m)	2	22,00
Rundholz (unterer Abschluß Seite; 1 à 3,50 m)	6	16,00
Rundholz (unterer Abschluß Rückseite; 1 à 2,00 m)	6	9,00
Schalbretter Decke (9 m²)	11	117,00
Schalbretter Seiten (14 m²)	11	182,00
Ondulineplatten Dach (9 Stück)	20	153,00
Ondulineplatten Seiten (Außenverkleidung: grün)	20	136,00
Dachrinne und Fallrohr	–	50,00
Nägel, Schrauben, Holzschutz	–	96,00
Insgesamt ca.		1200,00

Die Bauausführung ist verhältnismäßig einfach, wobei dieses Beispiel als Wandaufbau Schalbretter mit äußerer Ondulineverkleidung vorsieht. Auch das nach Westen zur geschlossenen Schmalseite abfallende Pultdach besteht aus durchgehend auf die drei Traversen genagelten Schalbrettern und darauf genagelter Ondulineeindeckung. Die Mindestmaße sollten nicht unterschritten werden. Um genügend Gefälle zur Regenableitung zu bekommen, sollten je Meter Dachlänge ca. 8–10 cm vorgesehen werden. Bei dieser Weideschutzhütte beträgt die vordere Höhe ca. 2,30 m. Die rückwärtige Seitenwand könnte rund 2,00 m hoch sein. Die Baukosten belaufen sich bei Eigenhilfe auf ca. 1200 DM.

Anlage VII

Ideal für die naturnahe Haltung von Sportpferden ist eine kombinierte Offenstall-/Boxenanlage, wie sie beispielhaft auf den Abbildungen 56 und 57 skizziert ist. Diese Anlage bietet ein optimales Raumangebot für zwei Großpferde, die man – je nach Beanspruchungsgrad und Witterung – entweder im Offenstall hält oder zeitweise in der Box. Wollte man die gesamten Heu- und Einstreuvorräte ebenfalls unterbringen, wäre eine Erweiterung der Stalltiefe von 8,00 m auf 10,50 m erforderlich. Ausreichend wäre die Anlage VII auch für vier mittelgroße Pferde, z. B. Connemaras.

Bei einfacher Bauausführung – wie sie auch für Anlage II gewählt wurde – belaufen sich die reinen Materialkosten für die skizzierte Stallanlage mit 80 m² Grundfläche auf ca. 10 000–12 000 DM.

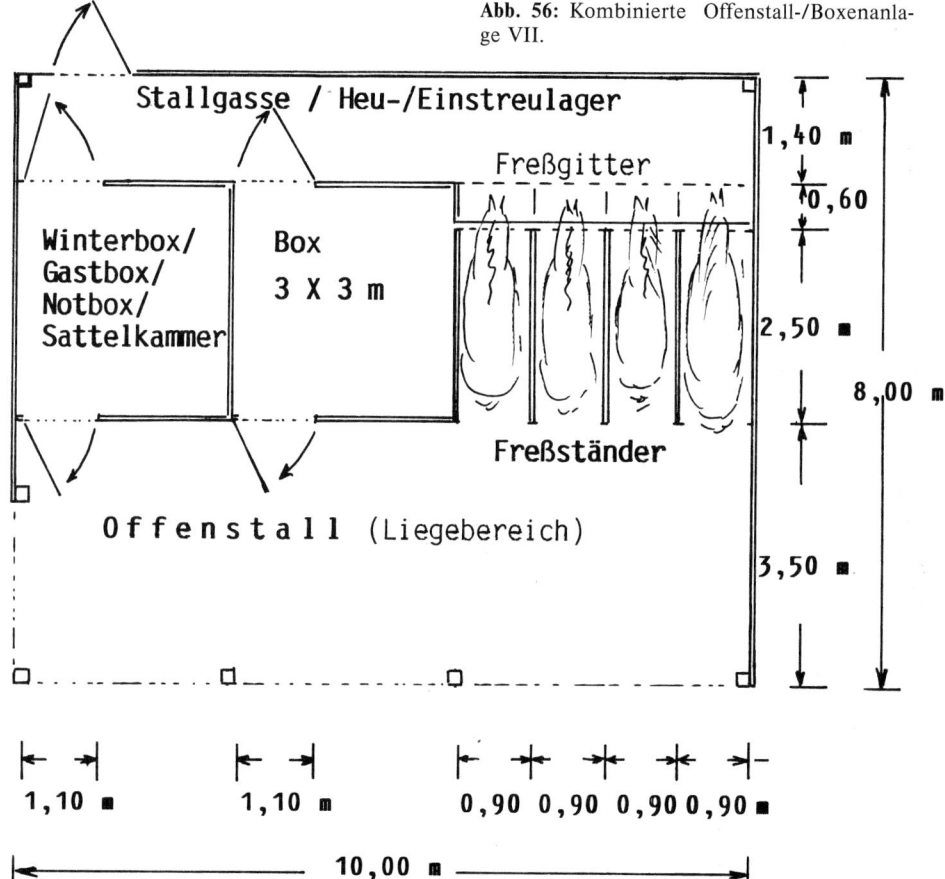

Abb. 56: Kombinierte Offenstall-/Boxenanlage VII.

Abb. 57: Ansicht der kombinierten Offenstall-/Boxenanlage VII.

Für die aufwendigere Bauweise mit doppelschaligen Wänden, einer Isolierschicht sowie entsprechend gestalteter Stalldecke sind nochmals 6000–8000 DM dazuzurechnen.

Kalkuliert man noch den Bodenaufbau eines genügend großen Auslaufs sowie Einzäunungen für 1 Hektar Weide mit 10 Koppeln (Pfähle, oberer Abschluß Halbhölzer und E-Zaun-Draht) sowie die Wasserversorgung dazu, wird eine optimale Kombinationshaltungsanlage für zwei Großpferde Materialkosten in Höhe von 20 000–30 000 DM insgesamt verursachen. Angesichts der Anschaffungskosten für durchschnittliche Großpferde um 10 000 bis 15 000 DM sowie der typischen Reitstallunterstellkosten von 4000 bis 7000 DM jährlich sind die angeführten Materialkosten für einen einfachen, aber zweckmäßigen und gesunden Stallbau verhältnismäßig gering, vorausgesetzt, daß die meisten Arbeiten in Eigenhilfe vonstatten gehen. Ein guter Kompromiß für handwerklich weniger erfahrene Pferdehalter kann auch gefunden werden, wenn die Erstellung der zimmermannsmäßigen Konstruktion durch einen Unternehmer erfolgt und der eigentliche Ausbau durch Eigenleistung geschieht.

Anlage VIII

Aus der langjährigen Praxis der Familie Hurter (Tägerig/CH) soll hier eine Offenstallanlage vorgestellt werden, die sich seit Jahren für die Haltung mittelgroßer Freizeitpferde bestens bewährt hat (s. Abb. 58).

ELF HURTER beschreibt ihre Anlage wie folgt:

„Als Erststall haben wir vor nahezu 20 Jahren den Offenstallteil A für maximal drei Pferde im Eigenbau erstellt. Der Stall ist rund zwei Meter hoch, das Dach ist als Eternit-Pultdach ausgeführt (1 Meter Dachüberstand an allen Seiten). Bald nach der Erstellung des Stalles mußten der Boden sowie der Vorplatz massiv befestigt werden.

Als dann unsere Herde immer größer wurde, bauten wir den Offenstall B, ebenfalls mit Pultdach, Höhe ca. 2,50 m, Eternit-Dacheindeckung und Stallkonstruktion aus Rundhölzern. Aufgrund der behördlichen Bauvorschriften waren

90 Baupläne

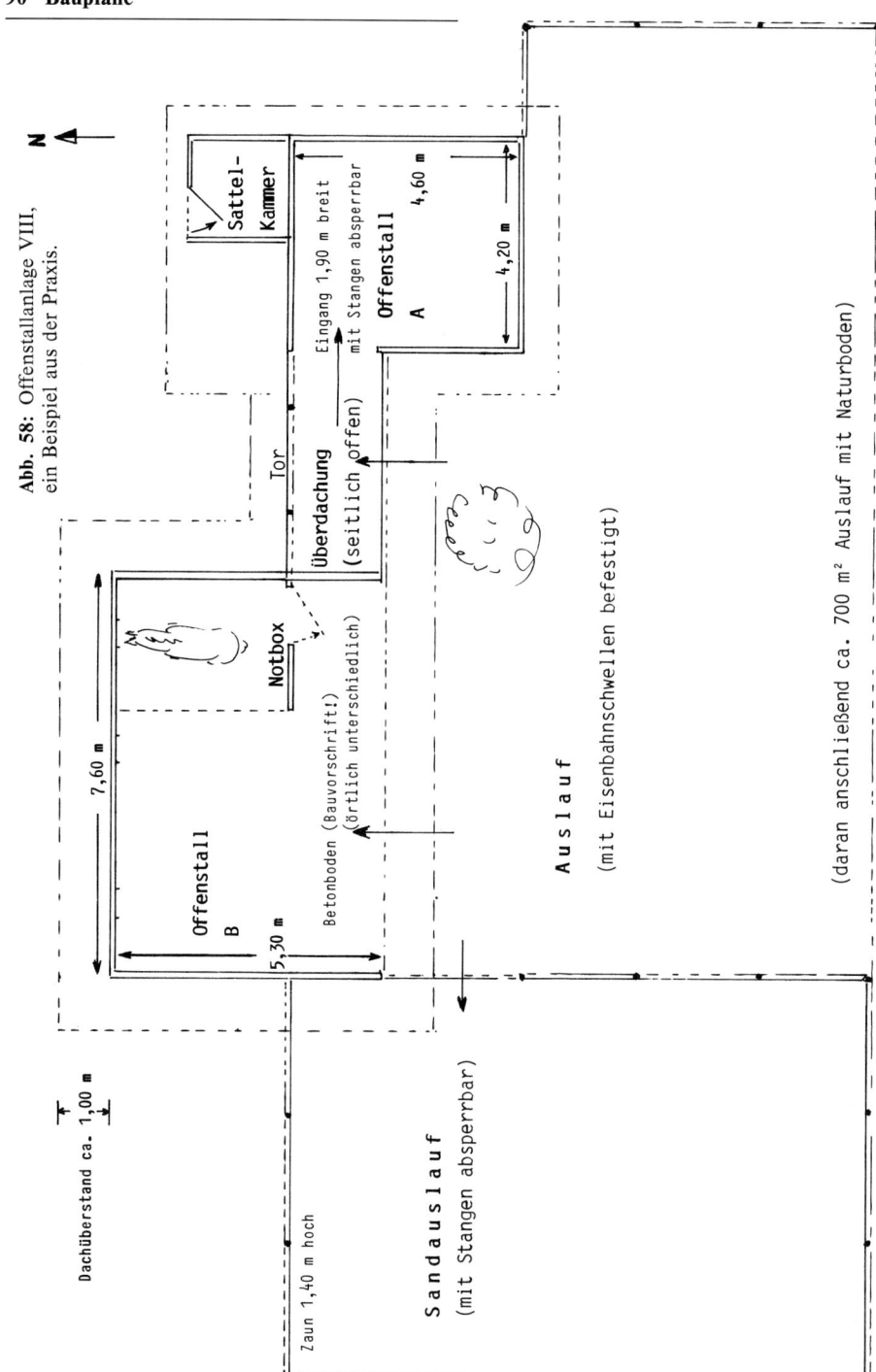

Abb. 58: Offenstallanlage VIII, ein Beispiel aus der Praxis.

Abb. 59: Ansicht der Offenstallanlage VIII.

Abb. 60: Die Kraftfuttereimer können in Betonröhren gestellt werden, damit sie von den Pferden nicht umgeworfen werden.

wir verpflichtet, den Stall mit einem mindestens 40 cm dicken Betonboden zu versehen (glatt abgezogen) sowie eine Jauchegrube mit einem Fassungsvermögen von mindestens 3 m³ nachzuweisen. Zudem gab man uns auf, eine betonierte Mistgrube zu bauen, was strikt abgelehnt wurde, weil wir den Mist biologisch kompostieren. Die Behörde scheint dies akzeptiert zu haben ...

Den Pferden stehen fünf Bodenvarianten zur Verfügung: Glatter Beton im Stallbereich (bei uns wurde von der reichlichen Einstreu immer viel weggefressen!), vor dem Stall Betonboden mit eingegossenen größeren Kieselsteinen, Holzboden aus Eisenbahnschwellen, trockener Auslauf mit Kieselsteinen, Naturboden mit zwei Bergen von Aushubmaterial (die „Berge" werden von den Pferden gerne aufgesucht). Alle Bodenvarianten werden als Liegeflächen akzeptiert. Das Absetzen von Mist und Urin ist sehr verschieden; manche Pferde misten im Stall, andere haben ihre festen Plätze irgendwo im Auslauf. Am wenigsten liegen die Pferde unter dem geschützten Dach! Bei sommerlicher Hitze dösen oft 6 Pferde im kleinen Stall A, und nur das rangniedrigste hält sich allein im großen Stall auf. Im kleinen Stall herrscht dadurch großes Gedränge und starke Hitze, aber dafür sind kaum noch Fliegen da! Der Offenstall A dient auch im Notfall als Krankenbox oder ist mit Abtrennung auch geeignet, Pferden in Ruhe individuelle Futterrationen zu verabreichen.

Nach verschiedenen Experimenten hat sich bei uns folgender Zaunaufbau bewährt: Der Zaun ist rd. 1,40 m hoch und besteht aus einem Diagonaldrahtgeflecht sowie vier Querlatten aus Halbrundhölzern (ca. 10 cm stark), die an 2 m langen Eichenpfosten befestigt sind. Zusätzlich wurde der Zaun mit einem Elektroband gesichert, so daß ein Ausbrechen oder „Durchfressen" unmöglich wird.

Da die Pferde beim Aufenthalt im Auslauf immer wieder dazu neigen, die Stallkanten „anzunagen", haben wir mit Erfolg alle Eckkanten mit Aluminiumbändern ca. 20 cm eingefaßt.

Da im Winter zwischen den beiden Ställen der Boden stets naß oder gefroren war, wurde durch ein Verbindungsdach aus Lichtplatten Abhilfe geschaffen.

Die Verschiedenheit der Bodenoberflächen hat sich nach Beurteilung unseres Hufschmieds sehr positiv auf die Hufqualität der Pferde ausgewirkt (ein Teil der Pferde ist unbeschlagen). Der Boden unter dem Sandauslauf und unter den Eisenbahnschwellen wurde drainiert. Bei einer anstehenden Erneuerung soll auf den Boden ein Vlies aufgebracht werden, um eine Vermengung der Bodenschichten mit dem eingebrachten Sand zu vermeiden.

Was die Fütterung betrifft, so wird bei uns immer bodennah gefüttert, Heu auf den Betonboden und Kraftfutter aus Kesseln" (s. Abb. 60).

Der Auslauf

Für die Haltung von Offenstallpferden ist ein Auslauf, der direkt an den Offenstall grenzt, fast immer obligatorisch. Lediglich bei ausschließlicher Haltung einer Zuchtherde auf sehr großen Weideflächen kann diejenige Koppel, auf der die Offenstallanlage steht, gleichzeitig als Auslauf, „Trampelkoppel" oder Winterweide dienen. Sehr zweckmäßig und arbeitssparend ist die komplette Arrondierung der gesamten Haltungsanlage (s. Modellanlage Abbildung 27 auf S. 52), da durch einfaches Öffnen oder Schließen von Toren die Pferde ohne Halteranlegen, Führen usw. in der Vegetationszeit durch den Verbindungsgang nach Belieben sowohl die zugeteilte Koppel als auch den Auslauf- und Offenstallbereich aufsuchen können. Wo eine solche Arrondierung aufgrund der örtlichen Gegebenheiten nicht vorhanden ist, muß zwangsläufig der Offenstall mit einem Auslauf kombiniert werden; die Pferde müssen dann jeweils zu den Koppeln geführt werden und verbringen im Regelfall die Nacht wieder im Auslauf bzw. im Offenstall. In solchen Haltungen ist dann der Auslauf im Winter die einzige offene Bewegungsfläche für die Vierbeiner, während bei arrondierten Haltungsanlagen im Winter bei Frost gelegentlich auch einmal eine Koppel zusätzlich als abwechslungsreicher Auslauf mit Bewegungsreiz genutzt werden kann. Letzteres vor allem bei der Haltung sehr bewegungsaktiver Pferde.

Die Größe des erforderlichen Auslaufs hängt demnach zunächst von den örtlichen Gegebenheiten ab. Je weniger Weiden und je bewegungsaktiver die gehaltenen Pferde, desto größer muß der Auslauf in Anbindung an den Stall sein. Dabei ist ein Auslauf mit den Maßen 20 × 40 m, also normales Reitbahnmaß, bereits bei Haltung von zwei Pferden anzustreben. Damit ausreichend Galoppiermöglichkeiten bestehen, ist immer der Rechteckform der Vorzug zu geben vor quadratischen Lösungen, bei denen zwar u. U. die Fläche gleich ist, aber die wichtigen Längsseiten fehlen.

In der Praxis hat sich für die Haltung einer Pferdegruppe (2-4 Pferde) folgende Lösung gut bewährt:
- Gesamtauslauffläche 20 × 60 m, davon nach Belieben abtrennbar durch einen Zwischenzaun
- 20 × 40 m als Reitbahn oder Auslauf für Gastpferde usw.

Selbst wenn man im Einzelfall an diese optimalen Lösungen nicht herankommt, weil die Flächen fehlen, ist ein kleiner Auslauf immer noch besser als gar keiner! Eine offene Box mit einem Paddock (Kleinauslauf) von 5 × 8 m (s. Abb. 61) innerhalb einer gleichartigen Box-Paddock-Anlage, wie sie in den USA häufiger zu sehen ist (für Reitpferde), kann als pferdegerechter Haltungskompromiß angesehen werden, wenn gleichzeitig Kontakt zu Artgenossen und auch Weidegang möglich sind. Auch für Zuchthengste, die realistischerweise durchweg einzeln zu halten sind in mitteleuropäischen Breiten, sollte sich die Auslauf-/Paddockhaltung gegenüber der reinen Stall- und Verwahrhaltung durchsetzen.

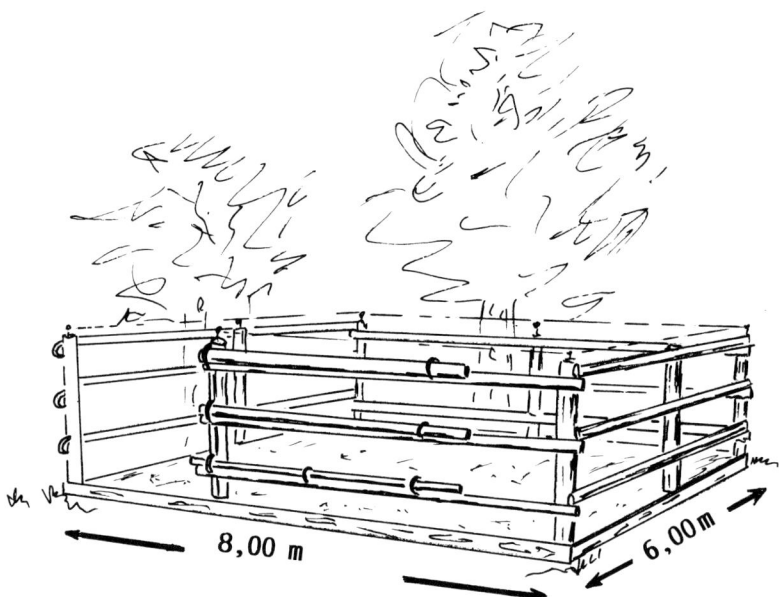

Vorbildlich ist auch hier das bereits zitierte Araber-Vollblut-Gestüt OSTENFELDE (s. Abb. 9 auf S. 24).

Nicht nur die Größe, sondern auch die Qualität der Einzäunung sowie des Bodens sind entscheidend für den praktischen Wert einer nicht überdachten Bewegungsfläche. Nicht selten sind bei nicht ordnungsgemäß präparierten Flächen Probleme der Wasserführung, Tiefgründigkeit, Vermatschung oder Staubentwicklung zu befürchten. Auch eine unzureichende Einzäunung bereitet auf Dauer mehr Ärger und Flickarbeit als der einmalige aufwendigere Zaunaufbau (s. Abb. 62) mit Elektrozaunabsicherung.

Falls machbar, wähle man grundsätzlich erhöhte Standorte für Stall und Auslauf, damit eine gute Abführung des Oberflächenwassers gegeben ist. Bei leichten Böden, also z. B. Sandböden, reicht es oft aus, auf den gewachsenen Boden eine Schicht von ca. 15–20 cm grobem Sand aufzufüllen. Zu den Seiten muß dieses künstlich geschaffene höhere Bodenniveau durch Kanthölzer, Rundhölzer oder Steineinfassungen ein-

Abb. 61: Paddock (Kleinauslauf) als Mindestergänzung einer Boxenhaltung bei beengten räumlichen Verhältnissen (Fläche mindestens 40 bis 50 m² für mittelgroße Pferde).

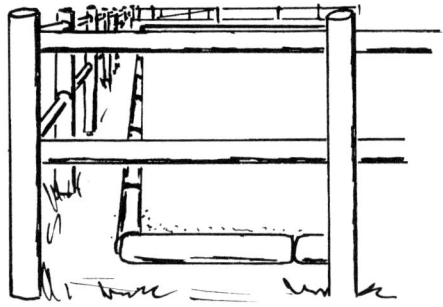

Abb. 62: Außen-Reitplatzeinzäunung und Hufschlageingrenzung mit Rundhölzern.

Auslauf 95

Abb. 63: Offenstallanlage für mehrere Pferdegruppen mit getrennten, sich anschließenden Ausläufen.

Abb. 64: Optimaler Bodenaufbau für einen Auslauf oder Reitplatz mit aus dem Boden herausgearbeiteter Tretschicht (Sand).

gegrenzt und abgestützt werden (s. Abb. 62).

In Norddeutschland findet man bei leichten Oberböden, die sandig sind, schlechte Tragfähigkeiten des moorigen Unterbodens. Hier muß der Oberboden

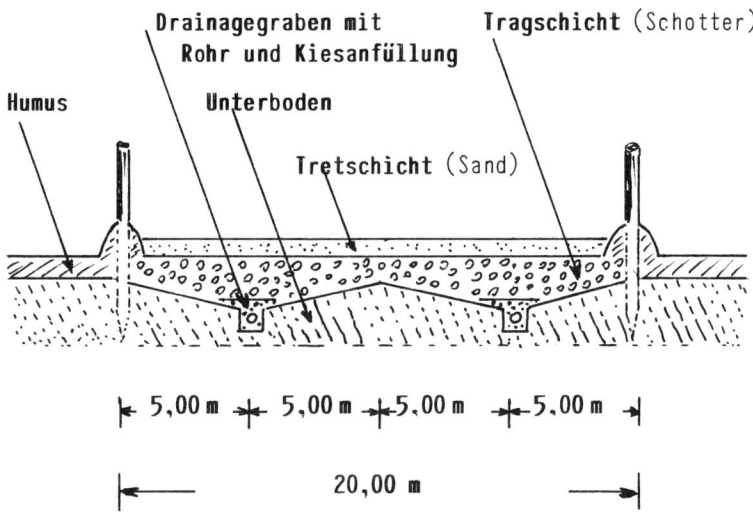

Abb. 65: Auslauf mit einer Tretschicht aus Hartholz-Hackschnitzeln.

entfernt werden und eine Tragschicht aus Auffüllmaterial (z. B. stark zerkleinerter Bauschutt und Kies) vor Aufbringen der oberen Tretschicht aus Sand (0,2 bis 0,4 mm Körnung) hergestellt werden.

Oft ist eine künstliche Wasserabführung gleichzeitig mit künstlichem Bodenaufbau unerläßlich. Das trifft für Lehmböden oder auch Böden mit felsigen Sperrschichten zu. Die Wasserabführung geschieht entweder durch Drainagegräben mit grobem Schotter oder Kunststoffdrainagerohre, die in einen Vorfluter oder einen Abwasserkanal münden. Die Gräben müssen im Unterboden ebenso wie die Drainagerohre fachlich einwandfrei angelegt bzw. verlegt werden, um jahrelang einwandfrei zu funktionieren (ca. 3% Gefälle).

Die Bauausführung beginnt mit dem Abschieben der Humusschicht durch Radlader oder Schubraupe (Kosten pro Stunde rd. 100 DM). Man kann bei großen Ausläufen mit diesem Humus gut „Hügel" innerhalb des Terrains anlegen oder die Erde abfahren lassen und verkaufen. In die abgeschobene Fläche wird zunächst die Drainage verlegt. Nach dem Füllen der Gräben mit Schotter bzw. bei Rohren mit 0,5 mm Körnung (Kies), wird die gebundene Tragschicht aus Auffüllkies (Körnung 0-30 mm) oder besser (nach FINK) ein Gemisch aus Schlacke (0-20 mm) und Lehm (0-2 mm) in einer Stärke von 6-8 cm aufgetragen. Auf diese sog. „Tragschicht" wird am besten mit der Schubraupe die „Tretschicht" in einer Stärke von 10-15 cm aufgebracht und verdichtet (s. Abb. 64).

Bei extremen zum Versumpfen neigenden Böden sind mit ganzflächig zwischen Trag- und Tretschicht aufgebrach-

Abb. 66: Winterauslauf mit überdachter Heuraufe.

ten Kunststoffvliesen gute Erfahrungen gesammelt worden. Diese Kunststoffasermatten in einer Stärke von 0,2 bis 4,0 mm sind durchlässig und haben nach PIRKELMANN folgende Aufgabe:
- Druckverteilung und Erhöhung der Tragfähigkeit des Unterbodens,
- Trennung der verschiedenen Bodenschichten (daher auch der Einsatz in Hallen sinnvoll),
- Filterung des abfließenden Oberflächenwassers von Bodenfeinteilen.

Voraussetzung für die Funktion einer zwischengelegten Kunststoffasermatte ist eine wasserabführende (meist drainierte) Tragschicht und eine wasserdurchlässige Tretschicht. Die Kosten für das Vlies belaufen sich auf ca. 2–4 DM/m².

Der Zaunbau

Zaunsysteme

Zäune haben die Aufgabe, eine „Grenze" zu ziehen, die von Pferden oder anderen gehaltenen Tieren respektiert wird und die sie nicht nach eigenem Belieben überschreiten dürfen. Die *Ausbruchsicherheit* steht demnach bei der Errichtung und Unterhaltung von Koppel- und Auslaufzäunen an erster Stelle. Nahezu gleichrangig muß die Forderung nach *Ungefährlichkeit* des verwendeten Zaunmaterials beachtet werden. Diesen beiden Kriterien müssen sich sämtliche anderen wünschenswerten Eigenschaften, wie Preiswürdigkeit der Einzäunung, einfache Installation oder optische Gründe, unterordnen. Pferde als sehr schnelle Laufiere mit Springvermögen, aber auch mit angeborener Neugier und starkem Freßtrieb, sind in der Lage, einfache Umzäunungen niedriger Höhe aus Holz oder auch aus Draht wegzudrücken, umzulaufen oder zu überspringen. Darum müssen Pferde vor Zäunen Respekt haben, sie müssen ihre Berührung bereits meiden, damit sie sich ihrer Körperkraft erst gar nicht bewußt werden.

Maximal ausbruchsicher sind „Corralzäune" (vgl. Abb. 67) mit einer Höhe von ca. 1,80 m, wenn die Bauausführung massiv genug ist, keine Splitterverletzungen zu befürchten sind und der Zaun rund angeordnet wird (üblich als Trainingscorral bei Western-Reitern). Es wäre aber unvertretbar, sowohl vom Materialaufwand als auch von der Optik her, wollte man nun solche Zäune für Koppeln vorsehen!

Ebenfalls ausbruchsicher, weil maxi-

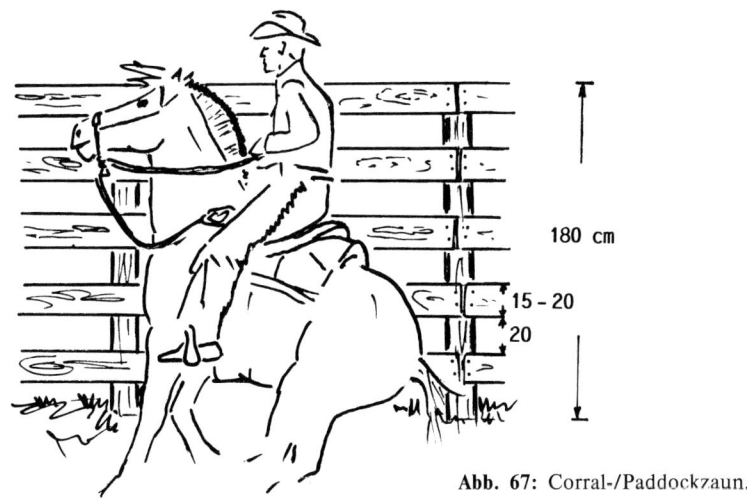

Abb. 67: Corral-/Paddockzaun.

Zaunbau 99

Abb. 68: Maximal hütesicherer Elektrozaun für Pferde und Schafe.

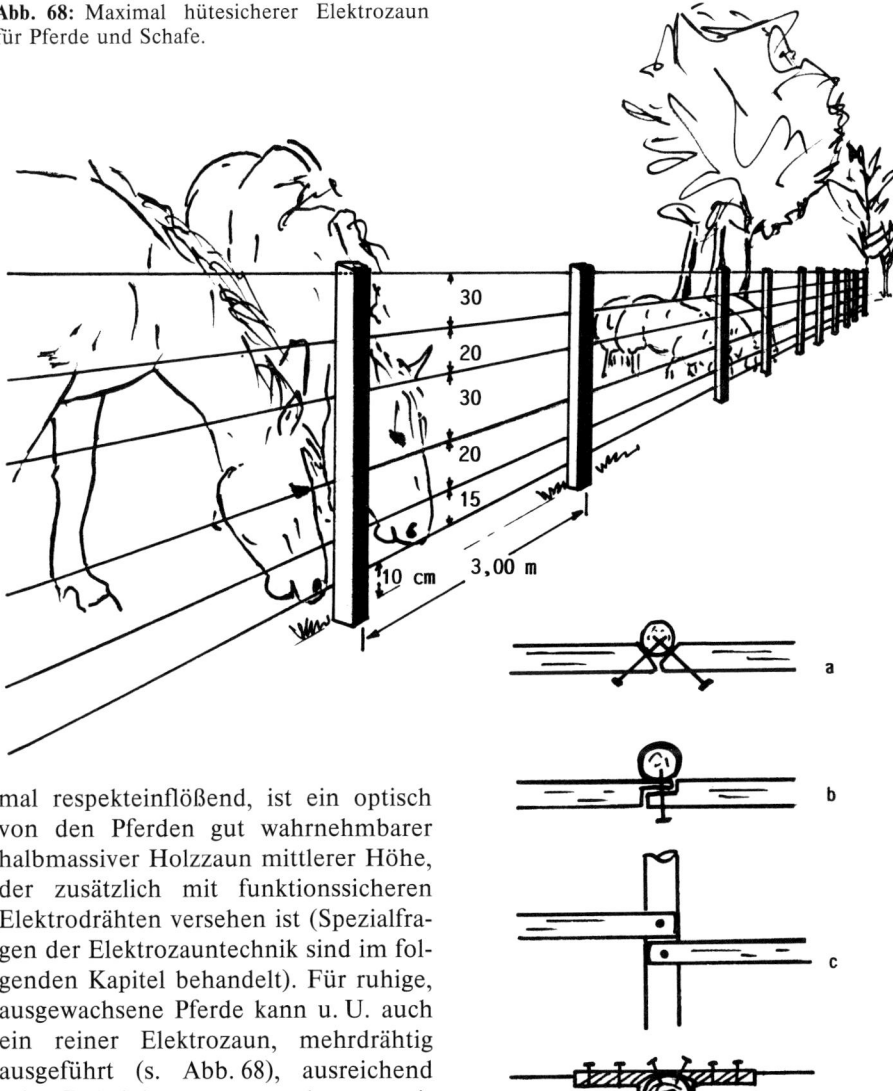

Abb. 69: Anschlagtechniken für Rundhölzer:
a) gestoßene Rundhölzer mit abgeflachten Enden,
b) Aufnagelung mit halben Enden,
c) versetzte Nagelung,
d) stumpfgestoßene Rundhölzer (Verbindung mit Stahlblechmanschetten).

mal respekteinflößend, ist ein optisch von den Pferden gut wahrnehmbarer halbmassiver Holzzaun mittlerer Höhe, der zusätzlich mit funktionssicheren Elektrodrähten versehen ist (Spezialfragen der Elektrozauntechnik sind im folgenden Kapitel behandelt). Für ruhige, ausgewachsene Pferde kann u. U. auch ein reiner Elektrozaun, mehrdrähtig ausgeführt (s. Abb. 68), ausreichend sein. Dabei kann man noch zur optischen Verbesserung zwischen dem 1. und 2. Draht (von oben) ein sog. „Halbholz" annageln (vgl. Abb. 69 b). Die unteren beiden Drähte müssen zur Vermeidung von Verletzungen, die beim Wälzen unerfahrener Pferde in Zaunnähe auftreten könnten, mit sog. „Sollbruchstellen" versehen werden. Dies be-

100 Zaunbau

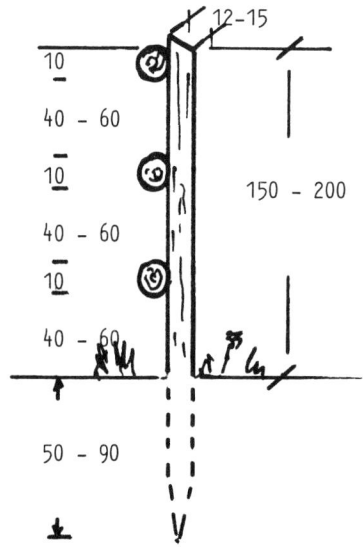

Abb. 70: Standsäule für einen Koppelzaun.

haben (ein Anstrich alleine reicht nicht!). Je nach erforderlicher Zaunhöhe müssen die Pfosten ca. 1,90 bis 2,20 m lang sein, da sie mit rund einem Drittel ihrer Länge eingegraben werden. Mit einem Erdbohrer (vgl. Abb. 72) werden die Pfostenlöcher mit etwas geringerem Durchmesser als der Pfostendurchmesser gebohrt (oder mit dem Spaten gegraben). Mit einem hölzernen Schlegel treibt man die Pfosten dann (auf einem Autoanhänger o. ä. erhöht stehend) in den Boden. Anschließend wird der Pfosten gut angestampft. Als Pfostenabstand wählt man zwischen 2,50 und 4,00 Meter. Zuerst schlägt man jeweils die Eckpfosten ein, die Zwischenpfosten werden dann evtl. mittels einer Spannschnur und mit Augenmaß gefluchtet. Schlechte Fluchtung zeigt sich spätestens dann, wenn die Querstangen angenagelt werden, dann muß u. U. korrigiert werden. Als Querstangen eignen sich Halbhölzer oder Rundstangen von

deutet, daß man die Drähte nicht in einer Länge durchspannt, sondern zwischendurch trennt und leicht verzwillt, damit sie bei starkem Zug dort reißen!

Für den Bau eines Holzzaunes (s. Abb. 70 u. 71) verwendet man Eichen- oder Fichtenpfosten. Letztere müssen besonders gut gegen Fäulnis geschützt werden (am besten mit Steinkohlenteerölimprägnierung im Kesseldruckverfahren). Rohe Pfosten werden geschält und anschließend eine Woche lang in eine Wanne mit Holzimprägniermittel (Utelineum) gelegt, bis sie sich vollgesaugt

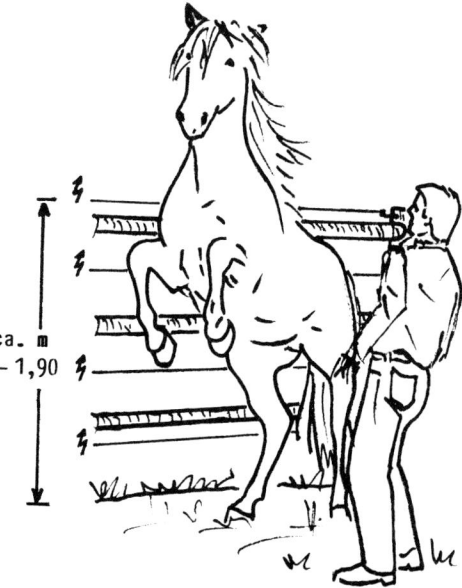

Abb. 71: Hengstweide-/Paddockeinzäunung mit drei Stangen und vier Elektrozaundrähten; Höhe mindestens 10 % mehr als das Stockmaß der gehaltenen Hengste.

8–16 cm Durchmesser. Auch Holzbohlen lassen sich gut anbringen. Die obersten Halbhölzer oder Rundstangen sollten oben auf die Pfosten genagelt werden. Den Abschluß nach oben bildet dann ein Elektrodraht.

Knotengitter ist für Pferdeweiden grundsätzlich nicht zu empfehlen, es sei denn, daß es mit einem Elektrodraht gesichert wird. Gut bewährt haben sich auch Zäune aus starken Pfosten (Telegrafenmaststärke) und Gummigurten. Diese Gummigurte stammen aus Förderbändern des Bergbaus und sind unverwüstlich. Sie werden geliefert in Längen von 40 bis 50 m und einer Breite von 5–10 cm. Zusammen mit einem Elektrodraht erhält man auch so eine absolut sichere Koppeleinzäunung.

Abb. 72: Erdbohrer mit Motorantrieb.

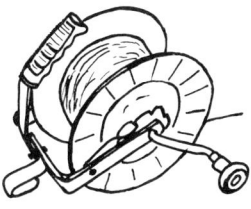

Abb. 73: Elektrozaunhaspel für Kunststofflitze mit Niroleitern.

Abb. 74: Versetzbarer Elektrozaun zur Abgrenzung oder Unterteilung von Weideflächen.

Die Inneneinteilung einer Weide in einzelne Koppeln kann entweder massiv mit festen Toren, erreichbar über einen Laufgang (Verbindungsweg), ausgeführt werden oder mit verhältnismäßig schnell versetzbarem Elektrozaun, bestehend aus Niro-Litze mit Haspeln (s. Abb. 73) und isolierten Metallsteckpfosten (s. Abb. 74).

Als Tore sind solche aus Latten (s. Abb. 75 u. 76) oder Stangen mit Rundholzverbindern (s. Abb. 77) einfach anzufertigen. Aber auch die Elektrozaun-

102 Zaunbau

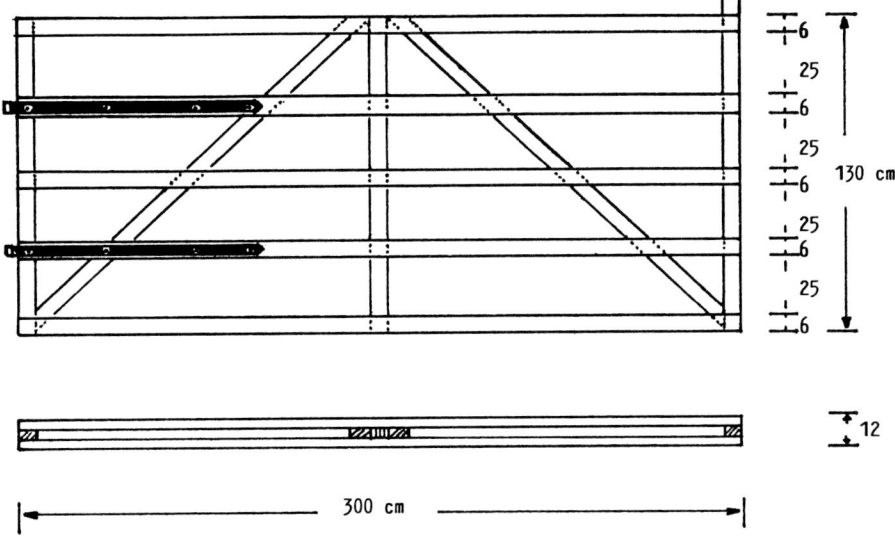

Abb. 75: Holztor aus Latten 4 × 6 cm.

Abb. 76: Holztor aus Latten mit Elektrodrahtbespannung gegen Beknabbern.

Zaunbau 103

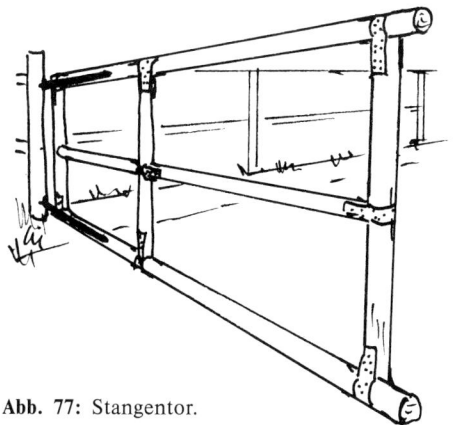

Abb. 77: Stangentor.

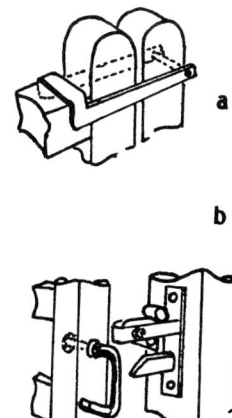

Abb. 79: Torverschlüsse: a) Überwurfbügel, b) Schnappverschluß.

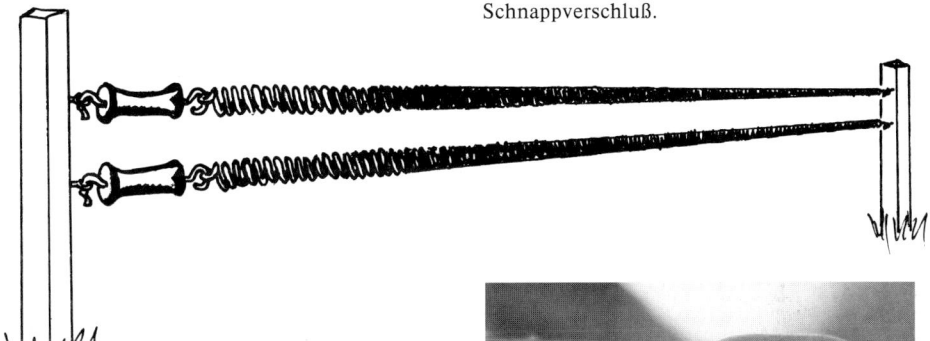

Abb. 78: Elektrozaun-Torverschluß mit Zugfeder für Tore von 2 bis 4 m Breite.

Abb. 80: Auch für „Entfesslungskünstler" unter den Pferden ausbruchssicherer Torverschluß.

spirale (s. Abb. 78) kann zweckmäßig sein (bei hochblütigen Pferden ist davon abzuraten, da u. U. Schweife darin hängenbleiben können und Panik entstehen kann).

Elektrozauntechnik

Der Elektrozaun zur sicheren Einkoppelung von Pferden, Rindern oder Schafen ist heute kaum noch verzichtbar, es sei denn, man würde überall mit erheblichem finanziellem Aufwand massive Zäune erstellen. So liegen die Vorteile des Elektrozaunes klar auf der Hand, denn er ist
- kostengünstiger als ein ausbruchsicherer Holz- oder Maschendrahtzaun; je länger ein Zaun ist, um so wirtschaftlicher wird eine Elektrozaunanlage, da sich dann die Kosten für das Elektrozaungerät auf eine längere Strecke verteilen;
- flexibler, weil er überall aufgebaut werden kann und auch in relativ kurzer Zeit wieder entfernt oder z. B. zur Koppelunterteilung versetzt werden kann;
- ungefährlicher als Stacheldrahtzäune oder andere feste Einzäunungen, die bei Ausbruchversuchen fast immer Verletzungen zur Folge haben;
- sicherer, wenn Zaunaufbau, Erdung sowie Zaunlänge und Gerätetyp stimmen, also unter Berücksichtigung der Anforderungen aufeinander abgestimmt sind und Wartung sowie Kontrolle regelmäßig stattfinden.

Elektrozaungeräte neuester technischer Fertigung machen heute Stacheldraht, der sowieso für Pferdeweiden besonders gefahrenträchtig ist, völlig überflüssig. Bestehende stacheldrahteingezäunte Weiden sind vernünftigerweise zusätzlich mit einem Elektrozaun zu versehen. Hierbei schraubt man Isolatoren, die den E-Draht führen, in ca. 30-40 cm lange Latten, die wiederum an die Pfähle der bestehenden Stacheldrahteinzäunung genagelt werden. Durch den so entstehenden Mindestabstand lassen sich die häufigsten Verletzungen sowie Ausbruchversuche vermeiden oder stark eindämmen.

Um die Wirkungsweise und auch die Unterschiede zwischen einzelnen Elektrozaungerätetypen zu verstehen, ist die Kenntnis der Impulstechnik in Verbindung mit der Zaun- und Bodenbeschaffenheit wichtig.

Um Pferde, Schafe usw. sicher einzukoppeln, müssen sie Respekt vor jeder Zaunberührung haben. Das geht bei Tieren letztlich nur über das Nervensystem, es muß ein unangenehmer Reiz ausgelöst werden – ein kurzzeitig auftretender, kräftiger, aber harmloser Schmerzeffekt ist ausreichend.

Beim Elektrozaun erzeugt ein Stromstoß – nach Drahtberührung und unter Berücksichtigung der nachfolgend genannten Voraussetzungen – den Schmerzeffekt. Damit bei Tierberührung das (je nach Rasse und Art unterschiedlich dicke) Fell (Schafe!) nicht undurchdringlich isoliert, muß am Elektrozaun eine sehr hohe Spannung anliegen. Diese wird bei Berührung als großer Funken oder Blitz sichtbar. Die Höhe des Stromimpulses hängt ab von der Summe der Kreiswiderstände am Zaun und von der Spannung (s. Abb. 81). Nach dem sog. „Ohmschen Gesetz", das dem Leser/der Leserin sicher noch aus dem Physik-Unterricht bekannt ist, ergibt sich der „Strom" aus der Teilung „Spannung" durch „Widerstand".

Neben dem Körperwiderstand (R_K) sind vor allem der Bodenwiderstand (R_B) und die Übergangswiderstände vom Tier zum Boden ($R_Ü$) und vom Boden in die Geräteerdung (R_E) maßgeblich für die Stromimpulsstärke. Es beträgt z. B. der reine Körperwiderstand ca. 500 Ohm, der Kreiswiderstand am Zaun kann bei trockenem Boden sehr hoch sein, vielleicht das 100fache, also muß die Zaunspannung mindestens 2000 Volt betragen. Netzgeräte oder solche, die mit Akku betrieben werden, sind auch unter extremen Bedingungen

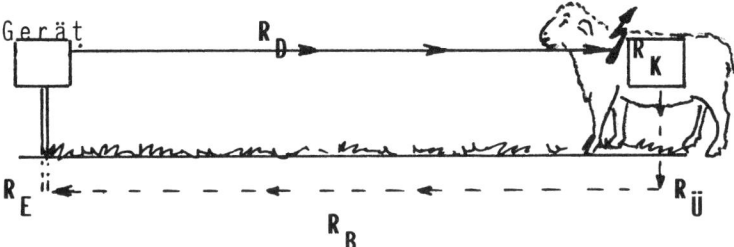

Abb. 81: Schema des Impulskreislaufs bei Anwendung der Elektrozauntechnik (R_D = Drahtwiderstand, R_K = Körperwiderstand, $R_Ü$ = Übergangswiderstand vom Tier zum Boden, R_B = Bodenwiderstand, R_E = Übergangswiderstand vom Boden zur Geräteerdung).

50 000 Ohm. Die Wirkung des Stromes durch den Widerstand von 50 000 Ohm ist erklärlicherweise auch nur $1/100$ der Impulswirkung, die sonst bei direkter Berührung (am Gerät) entsteht. Fazit daraus: Je besser die Bodenleitfähigkeit, desto geringer ist der Kreiswiderstand und um so höher ist die Schlagwirkung.

Sehr trockener Boden leitet den elektrischen Strom schlecht, der Widerstand ist groß. Feuchter Boden hat demgegenüber eine gute Leitfähigkeit. Da sich witterungsbedingt der Feuchtigkeitsgehalt des Bodens im Laufe des Jahres stets verändert, sollte man in der Praxis zumindest die Bodenstelle, in der sich der Erdungsstab des Elektrozaungerätes befindet, stets feucht halten. Vor allem bei Batteriegeräten der Standardklasse kann sonst im Sommer die Wirkung zu gering werden. Auch Bewuchs am Zaun kann bei den einfachen Geräten die Zaunspannung unter die Mindestschwelle drücken. Nach VDE-Vorschrift

(je nach Technik) wirksam. Bei bewuchsunempfindlichen Batteriegeräten muß die verbesserte Wirkung mit größerer Energie, also mit höherem Batteriestrom, erkauft werden.

Eine technisch ganz hervorragende Lösung bei Batteriebetrieb bietet z. B. das Horizontgerät „horistar" an, welches nicht mehr ständig Energieimpulse in den Zaun gibt, auch wenn diese gar nicht abgenommen werden, sondern Energie wird nur verbraucht bei Tierberührung oder Ableitung durch Bewuchs.

Die Anschaffung eines zuverlässigen Elektroweidezaungerätes sollte abgestimmt werden auf den Verwendungszweck, wobei auch die Zaunlänge berücksichtigt werden muß. Die von den Geräteherstellern angegebenen Zaunlängen beziehen sich auf eindrähtige Zäune. Bei mehrdrähtigen Zäunen (dies ist die Regel in der Praxis) und bei Knotengitter ist die angegebene Länge durch die Anzahl der Zusatzdrähte zu dividieren.

Nach der Art der Energieversorgung lassen sich die Elektrozaungeräte einteilen in

• netzunabhängige Geräte, die betrieben werden mit 9 V Trockenbatterie,

12 V Akku (z. B. Autobatterie) oder mit Solartechnik sowie
● netzabhängige Geräte, die an 220 V Wechselstrom angeschlossen werden.

Bezogen auf die Leistung werden drei Geräteklassen unterschieden:
● Standardgeräte haben eine niedrige Impulsenergie. Bei einem Zaunkreiswiderstand von ca. 5000 Ohm sinkt die Zaunspannung unter die Mindestspannung von 2000 V ab. Solche Geräte sind bei guter Zaunisolation und kurzen Zaunlängen zu gebrauchen; sie sind sehr bewuchsempfindlich.
● Geräte mit erhöhter Leistung und verringerter Bewuchsempfindlichkeit haben mindestens die doppelte Impulsenergie gegenüber Standardgeräten. Bei leichtem Bewuchs sinkt die Spannung nicht unter 2000 V ab.
● Geräte der Superklasse haben eine Impulsenergie über 1 Joule (nach VDE sind maximal 5 Joule zulässig) und sind sehr bewuchsunempfindlich; sie eignen sich für längere Zäune besonders gut.

Bei der Auswahl eines geeigneten Elektrozaungerätes müssen folgende Punkte geprüft werden:
● Welche Energieversorgung steht zur Verfügung? Steht ein 220 Volt-Netzanschluß zur Verfügung, ist in jedem Fall zu einem Netzgerät zu raten, denn diese Geräte sind zuverlässiger, stärker und im Unterhalt recht sparsam. Anschaffungskosten und Installationsaufwand sind relativ hoch verglichen mit einfach aufzustellenden Trockenbatteriegeräten.
● Welche Tiere sollen sicher eingekoppelt werden? Klar dürfte sein, daß Tiere mit dichtem Fell eine höhere Impuls-

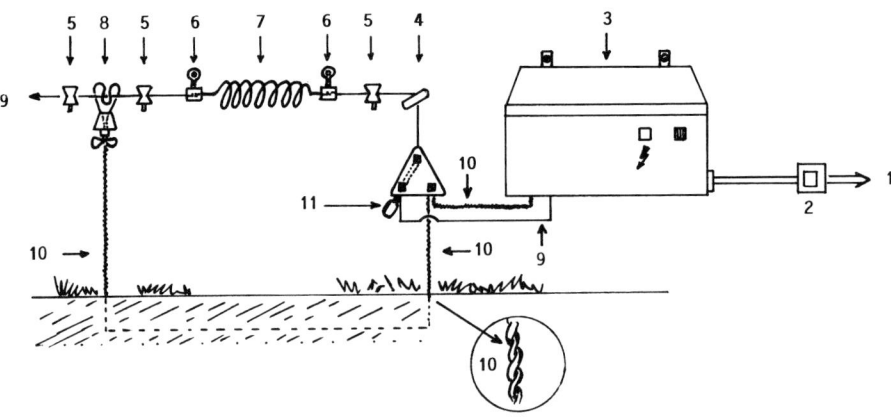

Abb. 82: Außenmontage eines Elektrozaungerätes mit 220 Volt Netzanschluß und Blitzschutz.
1 = Zuleitung zum Lichtstromnetz (Anschluß laut VDE-Vorschrift nur durch konzessionierten Installateur!),
2 = zweipoliger Ausschalter (220 Volt),
3 = Elektroweidezaungerät für Wandmontage mit Kontrollampen,
4 = Ringisolator,
5 = Schlitzisolator,
6 = Drahtverbindungsklemme,
7 = Blitzschutzdrossel,
8 = Blitzschutzisolator,
9 = Zaunzuleitung,
10 = Erdverbindung (verdrillte Drähte),
11 = Zaun-(Erd-)Schalter (Hebelstellung nach rechts = Abschaltung).

spannung benötigen, um „Respekt" vor dem Zaun zu bekommen. Die urwüchsigen Ponyrassen haben ziemlich dichtes Fell, sind auch z. B. im Auslauf weniger bewegungsaktiv als beispielsweise Vollblutaraber, dafür aber um so erfindungsreicher, insgesamt unempfindlicher und damit bei schwach wirksamen Elektrozäunen „Ausbruchkünstler"! Sie benötigen deshalb erheblich mehr Impulsspannung, um den nötigen Respekt zu bekommen als besagte Vollblutaraber, die bedingt durch feinere Textur und größere Empfindlichkeit eher Abstand vom Auslauf- oder Koppelzaun halten. Hinzu kommt, daß der unbändige Freßtrieb der urwüchsigen Ponyrassen teils akrobatische Verrenkungen zur Überwindung des Drahtes hervorruft, um an außerhalb des Sandauslaufs wachsende Hälmchen heranzukommen. Dabei kommt es häufig bei nicht voll funktionierenden oder aus Sparsamkeitsgründen zu schwach ausgelegten Geräten zu kostenträchtigen Ausbrüchen.

Schließlich verlangen auch die Versicherungen, die evtl. zur Halterhaftung herangezogen werden, daß mehrdrähtige, voll funktionstüchtige Elektrodrahteinzäunungen angebracht werden müssen. Die Rechtsprechung sieht in nicht ordnungsgemäßen Elektrozäunen (wie auch in herkömmlichen Zäunen, die schadhaft sind) eine Vernachlässigung der Sorgfaltspflichten des Halters/Hüters, wenn es zu Schadenfällen mit Ersatzforderungen kommt. Zwar haftet derjenige, der nicht berufsmäßig die Pferde oder Schafe hält, in jedem Fall aus Gründen der Gefährdungshaftung, wenn durch ausbrechende Tiere Schäden angerichtet werden – auch wenn ihm keine Fahrlässigkeit nachzuweisen ist. Sind aber vernachlässigte Sorgfaltspflichten und damit Fahrlässigkeit nachzuweisen, behalten sich Versicherungsgesellschaften einen Rückgriff auf den Verantwortlichen vor. Schließlich können auch strafrechtliche Konsequenzen bei Unfällen mit Sachbeschädigung oder gar Verletzten in einem solchen Fall drohen (z. B. Verfahren wegen des Verdachts der fahrlässigen Körperverletzung).

- Um welche Art von Zaun handelt es sich? Bei Unterteilung von Koppeln (innerhalb ausbruchsicherer Außenumzäunung!) oder bei Portionsweide-Wanderzaun innerhalb einer umzäunten Koppel kann mit schwächeren Geräten gearbeitet werden, da die Zaunlängen meist klein sind und beim Wanderzaun regelmäßige Kontrolle beim täglichen Versetzen gewährleistet ist.
- Welche Bodenbeschaffenheit ist vorhanden, ist Bewuchsbeseitigung immer vollständig gewährleistet? Bei Sandböden ist der Bodenwiderstand wegen geringerer Feuchte weitaus höher als bei Lehmböden, es sind stärkere Impulsspannungen erforderlich. Kann Bewuchs nicht regelmäßig entfernt werden, scheiden Geräte der Standardklasse stets aus. Bei Weiden ohne Stromanschlußmöglichkeit sind deshalb im Regelfall Akkugeräte mit hoher Schlagstärke oder für kürzere Zäune stromsparende, bewuchsunempfindliche Trockenbatteriegeräte angezeigt. Im Einzelfall können auch Solargeräte angebracht sein.

Die Vorschriften für die Errichtung von Elektrozaunanlagen sind vom VDE herausgegeben worden (VDE 0131-DIN 57 131); für Elektrozaungeräte gilt VDE 0667-DIN 57 667. Danach sind u. a. an sichtbarer Stelle und vor allem da, wo keine Elektrozaunanlage vermutet wird, dauerhafte Warnschilder anzubringen,

108 Elektrozauntechnik

und zwar bei Angrenzung des Zaunes an Verkehrswege alle 100 Meter (Schilder liefert der Handel). Tore müssen zur Handhabung isoliert sein, z. B. durch isolierte Torgriffe (s. Abb. 78). Zaundrähte und Zaunzuleitungen dürfen nicht mit Metallteilen in Verbindung stehen, die nicht zur Anlage gehören, z. B. Brückengeländer. Ebenso ist eine Befestigung an Hoch- oder Niederspannungsmasten und Fernmeldemasten nicht zulässig. Um die Bestimmungen der Funkentstörung einzuhalten, muß auf einwandfreie Isolatoren und Draht- bzw. Leitungsverbindungen geachtet werden. Elektrozaungeräte für Weidezäune dürfen nicht in feuergefährdeten Räumen (Scheunen, Stallungen, Garagen) angebracht werden.

Bei Wegführung der Zaunzuleitungen von einem Gebäude (Netzgeräte) ist in jedem Fall eine Überspannungsschutzeinrichtung außerhalb des Gebäudes anzubringen (s. Abb. 82). Falls eine Gebäude-Blitzschutzanlage vorhanden ist, muß die Erdleitung der Überspannungsschutzeinrichtung an die Erdungsanlage der Gebäude-Blitzschutzanlage unter Beachtung der „Allgemeinen Blitzschutzbestimmungen" des VDE angeschlossen werden. Beim VDE-Verlag, Offenbach, gibt es zu diesem Themenkomplex ein Merkblatt für Elektrozaunanlagen, das jeweils den aktuellen Stand der technischen Anforderungen enthält.

Beim Kauf von Elektrozaungeräten samt Zubehör empfehlen sich sowohl technische als auch preisliche Vergleiche. In jedem Fall ist zum Kauf von bewährten Markenprodukten zu raten, bei denen auch eine Ersatzteilversorgung, z. B. mit einfachen Steckmodulen, auf längere Sicht möglich ist.

Es gibt zwar Zaunprüfgeräte, die anzeigen, ob überhaupt ein Gerät bzw. das

a

b

c

d

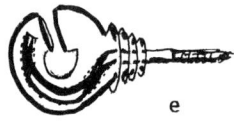

e

Abb. 83: Elektroweidezaunzubehör:
a) Elektrozaungerät für Batteriebetrieb,
b) Spezial-9 V-Trockenbatterie,
c) Elektrozaungerät für 220 Volt-Netzbetrieb,
d) Stützisolator,
e) Universal-Ring-Isolator.

Elektrozauntechnik

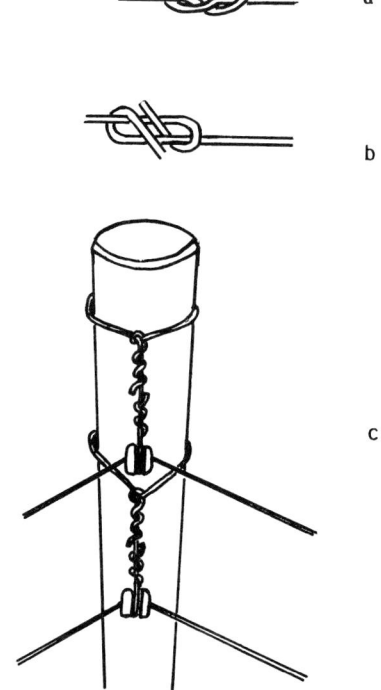

System funktioniert, aber ein Meßgerät, welches zuverlässig die augenblickliche Impulsenergie bei einer bestimmten Zaunbelastung erfaßt und anwendungsbezogen richtig bewertet, gibt es nicht. Allenfalls der Körper kann alle Impulsdaten bewerten. Ein rein zahlenmäßiger Schlagstärkevergleich unterschiedlicher Geräte ist dann möglich, wenn die Hersteller alle vergleichbaren Daten angeben. Geräte bzw. Informationsmaterial mit zweifelhaften technischen Daten sollte man besonders kritisch bewerten. Bei der Gerätebeschaffung versuche man, stets die neuesten Prospekte und Geräte zu bekommen, da der technische Fortschritt nicht zu unterschätzen ist. Unter diesen Gesichtspunkten ist auch die folgende Vergleichstabelle zu sehen, die rein exemplarisch verdeutlichen soll, wo zahlenmäßig Unterschiede liegen.

Abb. 84: Elektrozaun-Installation:
a) Verbindung von E-Draht-Enden durch „Achterknoten",
b) Verbindung von E-Draht-Enden durch „Doppelknoten",
c) Eckbefestigung von Porzellan-Isolatoren mit durchlaufenden E-Drähten.

Tabelle 9: Beispiel für technische Vergleichsdaten von Elektrozaungeräten

Geräteart	220 V-Netzgerät der Superklasse	9 V-Batteriegerät der Superklasse
Leerlaufspannung	7000 V	6000 V
Impulsbreite	0,5 ms	8 ms
Tierberührung (5000 Ohm)	4000 V	4000 V
Impulsbreite	0,7 ms	0,6 ms
Kurzschluß (500 Ohm)	2000 V	1900 V
Impulsbreite	0,7 ms	0,5 ms
Impulsenergie Joule	3,1 J	1,6 J
Impulsabstand*)	1,25 s	1,5 s
Stromverbrauch	5 W	max. 33 mA
Maximale Zaunlänge (VDE 2000 V)	1000 km	20 km

*) Nach Vorschrift muß sich der zeitliche Abstand zwischen zwei Impulsen zwischen 1,0 und 1,5 s bewegen.

Die Weide als natürlicher Lebensraum

Ökosystem Weide

Einzig natürlicher und damit wichtigster, völlig unverzichtbarer Lebensraum für unsere Pferde ist die Weide. Ausgehend vom Sammelbegriff „Grünland" ist unter „Weide" im Gegensatz zur „Wiese" eine solche Fläche zu verstehen, die im Hinblick auf Trittfestigkeit, Bewuchs und Einzäunung beweidungsfähig ist. Wiesen hingegen sind solche Grünlandflächen, die ausschließlich gemäht werden. Grundsätzliche Aufgabe der Weide ist die vielseitige, schmackhafte und ausreichende Ernährung der Vierbeiner, verbunden mit natürlichen Bewegungs- und Klimareizen.

Alle Faktoren, die für die Qualität einer Weide bestimmend sind, stehen in einer Wechselbeziehung zueinander. Es sind dies:
- Lage,
- Klima,
- Bodenbeschaffenheit,
- Narbenzusammensetzung,
- Bewirtschaftung und Nutzung.

Für den Pferdehalter besteht die Schwierigkeit nun darin, alle Faktoren möglichst optimal aufeinander abzustimmen, also gestaltend einzugreifen. Was hat dies nun mit der Anforderung „naturgemäß" zu tun? Nun, nach „natürlichen Methoden" eine Weide zu bewirtschaften, heißt nicht, der Natur einfach freien Lauf zu lassen! Der Pferdehalter muß in der Tat „künstlich" bzw. „kultivierend" in das natürliche Gefüge eingreifen. Er sollte aber bemüht sein, störungsfrei in Übereinstimmung mit der Natur ein neues Gleichgewicht auf dem kultivierten Grünland zu schaffen. Natürlich in diesem Sinne heißt: der Natur gemäß!

Boden

Wer Weideland kauft oder pachtet, bekommt bereits – neben der sichtbaren Grasnarbe – einen naturgegebenen Faktor, nämlich den Boden. Die Unterschiede des Bodens bedingen angepaßte Nutzung, Pflege und Düngung. „Die Weide" schlechthin gibt es deshalb nicht!

In der Weidepraxis sind folgende Bodenarten und ihre Mischformen von Bedeutung:

1. Lehmböden
- humusreich mit gutem Speichervermögen für Wasser, Wärme, Luft und Nährstoffe;
- Abstufungen zwischen schweren, mittleren und humosen Lehmböden;
- große Fruchtbarkeit.

2. Sandböden
- luft- und wasserdurchlässig (hoher Luftstickstoff- und Sauerstoffanteil in der lockeren Struktur); schnelle Erwärmung, aber auch rasche Abkühlung; geringer Nährstoffgehalt, wenig Speichervermögen;
- Abstufungen von reinen Sandböden bis zu solchen mit Lehmanteil;

- geringe Fruchtbarkeit und geringes Wasserhaltevermögen.

3. Moorböden
- torfhaltig, neutral bis sauer, nährstoffarm und stark wasserhaltig;
- Unterscheidung zwischen Hochmoorböden und Niedermoorböden;
- einseitige Fruchtbarkeit für nährstoffarme Gräser.

4. Tonböden
- dicht, nahezu undurchlässig für Luft und Wasser, schwer zu bearbeiten, nährstoffarm;
- Abstufungen von reinen Tonböden mit Staunässe zu solchen mit Lehmanteil;
- geringe Fruchtbarkeit, bei Trockenheit vegetationsfeindlich.

Gut geeignet für Pferdeweiden sind mittelschwere, sandige Lehmböden ohne Staunässe. Minderwertige Mischböden verlangen ständige Bodenverbesserung, Nährstoffzufuhr durch Düngung und witterungsangepaßte Nutzung. So muß beispielsweise ein Sandboden besonders stark mit Kompost versorgt werden zur Vermehrung des Humusanteils, und die sommerliche Kurznarbigkeit muß strikt vermieden werden.

Pflanzen der Weide

Der lückenlose Bestand einer Weide wird als „Narbe" bezeichnet. In dieser Narbe gedeihen viele Pflanzenarten, deren Zusammentreffen an einem Standort für den Laien rein zufällig erscheint. Bei näherer Untersuchung der Zusammenhänge erkennt man indes eine deutliche Ordnung, aus der sich der sog. „Zeigerwert" der Pflanzenarten erklärt.

Jede Pflanze hat arteigene Ansprüche. Manche gedeihen bei mehr oder weniger wasserhaltigem Grund, andere entwickelten eine Vorliebe für spezielle Nährstoffe, wieder andere lieben den Schatten. Die einen mögen verdichteten, die anderen lockeren Boden. So findet man je nach Bodenart, Düngung, Feuchtigkeit und Nutzung der Weide eine bestimmte Kombination von Pflanzen, die sog. „Pflanzengesellschaft". Sie gibt eindeutige Hinweise auf die Eigenschaften des Standorts.

Nun muß der Pferdehalter nicht in die höheren Regionen der Pflanzensoziologie einsteigen, trotzdem ist es wichtig, die grundlegenden Zusammenhänge zu verstehen, denn der Pflanzenbestand gibt Auskunft über den natürlichen Standort und über die Art der Bewirtschaftung. So sind mangelnde Düngung oder überreiche Nährstoffversorgung und die bei Pferdeweiden recht typische „Überbeweidung", also zu starke Strapazierung der Narbe, nicht nur an der Üppigkeit oder Magerkeit des Wuchses, sondern auch an der Art der Zusammensetzung des Pflanzenbestandes zu erkennen (s. Tab. 10). Die Narbe ist stark wandlungsfähig und keinesfalls statisch festgelegt. Witterungseinflüsse, z. B. Kahlfröste oder Trockenperioden, haben neben der Nutzung und Pflege durch den Menschen großen Einfluß auf die Zusammensetzung des Bestandes. Es finden dynamische Prozesse statt, entwicklungsbedingte Verschiebungen, die jeder relativ kurzfristig innerhalb weniger Jahre nach Neuansaat einer Weide beobachten kann. Die ursprüngliche Saatzusammensetzung findet sich nämlich nach einiger Entwicklungszeit im Bestand so nicht mehr wieder aufgrund unterschiedlicher Selektionsvor- oder

Tabelle 10: Zeigerwert der typischen Weidepflanzen und einiger Giftpflanzen

Pflanzenart	Feuchtigkeitsgehalt des Bodens				Nährstoffangebot		Tritt-festig-keit[3]
	trocken	mäßig	reich-lich	Vernäs-sung	mini-mal[1]	reich-lich[2]	
Wiesenrispe (Poa pratensis)	x	x			x		
Wiesenschwingel (Festuca pratensis)		x	xx				
Wiesenlieschgras (Phleum pratense)		x					
Deutsches Weidelgras (Lolium perenne)		x				x	
Weißklee (Trifolium repens)		x	x		x		
Löwenzahn (Taraxacum officinale)		x					
Breiter Wegerich (Plantago major)							x
Rotschwingel (Festuca rubra)	x	x	x		xx		
Knaulgras (Dactylis glomerata)	x	x					
Gemeine Rispe (Poa trivialis)		x	xx				
Wiesenfuchsschwanz (Alopecurus pratensis)		x	xx	x		x	
Wiesenkerbel (Anthriscus sylvestris)		x				xx	
Margerite (Chrysanthemum leucanthemum)		x			x		
Sauerampfer (Rumex acetosa)		x	x				
Scharfer Hahnenfuß (Ranunculus acer)*)		x	xx				
Sumpfschachtelhalm (Equisetum palustre)**)				x			
Herbstzeitlose (Colchicum autumnale)**)		x	x				

*) Im grünen Zustand giftig.
**) Im grünen und auch im getrockneten Zustand giftig.
1) Zu geringe Nährstoffversorgung vom Boden her und über die Düngung.
2) Üppiges Wachstum zeigt reichliche Versorgung an. Dies bedeutet nicht zwangsläufig ausgeglichene Düngung bezogen auf den Gesamtbestand!
3) Hinweis auf Bodenverdichtung (Beweidung).

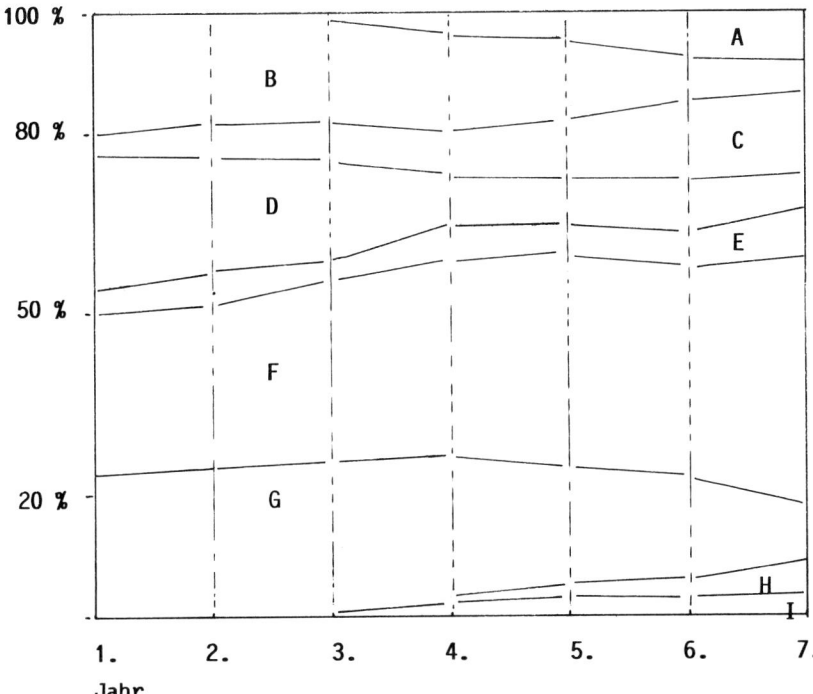

Abb. 85: Bestandsentwicklung einer extensiv genutzten Weide im Laufe von sieben Beobachtungsjahren auf der Basis einer Selbstberasung:
A = Deutsches Weidelgras,
B = diverse Kräuter, Margerite, Sauerampfer, Breiter Wegerich, Quecke,
C = Löwenzahn,
D = Weißklee,
E = Knaulgras,
F = Wiesenrispe,
G = Gemeine Rispe,
H = Wiesenlieschgras,
I = Wiesenfuchsschwanz.

-nachteile für bestimmte Arten. Abbildung 85 zeigt die Verschiebungen im Pflanzenbestand, ausgehend von einer Selbstberasung unter günstigen Bedingungen, wie sie vom Verfasser innerhalb eines 7jährigen Beobachtungszeitraumes registriert wurde. Die Selbstberasung bietet den Vorteil, daß sich überwiegend standortgemäße Pflanzen ansiedeln.

Bei Gräsern sind die Verschiebungen schwieriger festzustellen als etwa beim Weißklee (Trifolium repens), der sich als ausläufertreibende Pflanze meist in kleineren oder größeren Nestern auf der Weide verteilt und im Laufe der Jahre wandert. Abbildung 86 zeigt die dynamische Entwicklung einer künstlichen Ansaat durch den Verfasser innerhalb eines 6jährigen Beobachtungszeitraumes bei relativ extensiver Mäh-/Weidenutzung und ausschließlicher Kompostdüngung, abgesehen von einer einmaligen Kalkstickstoffdüngung im 4. Jahr zur Eindämmung des Weißklees, der sich aufgrund relativ geringer Stickstoffzufuhr

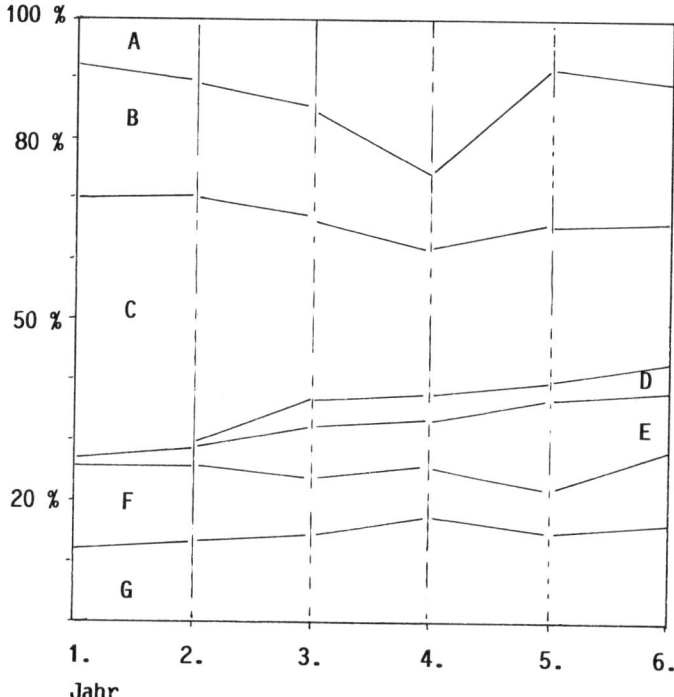

und wenig Beschattung durch üppige Obergräser übermäßig entwickelt hatte.

Die auf der Weide vorkommenden Pflanzen teilt man in drei Gruppen ein:
a) Gräser,
b) Leguminosen oder kleeartige Pflanzen,
c) Kräuter.

Die Wertschätzung einzelner Arten hängt ab vom Nutzungszweck. Bei Pferdeweiden ist eindeutig einer artenreichen Narbenzusammensetzung der Vorzug zu geben vor einer artenarmen reinen Grasweide, die zwar als Heuweide günstige Konservierungsvoraussetzungen bietet, aber nur ein unzureichendes Nähr- und Mineralstoffangebot darstellt.

Als Unkraut werden gemeinhin alle

Abb. 86: Bestandsentwicklung einer extensiv genutzten Weide im Laufe von sechs Beobachtungsjahren auf der Basis Umbruch und künstliche Ansaat mit 20 kg Saatgutmischung „Dauerweide Standard G II" für eine Fläche von 1,5 Morgen.
Zusammensetzung der Saatgutmischung: 13 % Deutsches Weidelgras Liperlo ZS, 34 % Deutsches Weidelgras Weidauer ZS, 20 % Wiesenschwingel Cosmos/NFG ZS, 17 % Lieschgras Landsberger ZS, 10 % Wiesenrispe Otto ZS, 6 % Weißklee Milka/Lirepa ZS (für reine Pferdeweiden ungeeignet!).
A = Weißklee
B = nicht angesäte Arten, darunter Kräuter, Löwenzahn usw.
C = Deutsches Weidelgras
D = Rotschwingel und Knaulgras
E = Wiesenrispe
F = Lieschgras
G = Wiesenschwingel

unerwünschten Pflanzen bezeichnet. Aber auch hier kommt es auf den Nutzungszweck an und auf den Grad der Schädlichkeit. Was für den Landwirt auf einer Rindviehweide erwünscht ist, kann u. U. für den Pferdehalter unerwünscht sein und umgekehrt.

Auf Pferdeweiden kann man zwei Gruppen von unerwünschten Pflanzen charakterisieren:
1. Giftige Pflanzen, die schädlich sind und deshalb ausgemerzt werden müssen, wie z. B. Herbstzeitlose, Sumpfschachtelhalm, Wolfsmilchgewächse (z. B. Bärenklau), Adlerfarn, Adonisröschen usw., die auch nach Trocknung im Heu ihre Toxizität nicht verlieren.
2. Platzräuber, also Pflanzen, die im Bestand zu stark überhandnehmen und erwünschte Pflanzen übermäßig verdrängen.

Für die Weidepraxis von Bedeutung sind folgende Pflanzen:

Die Wiesenrispe ist ein anpassungsfähiges, hochwertiges Gras, das trockene bis mäßig feuchte, kalkhaltige, lockere und humose Böden bevorzugt. Als ausläufertreibendes Gras bildet sie bei guter Nährstoffversorgung auf beweideten Flächen eine dichte Narbe. Dieses Gras sollte bei jeder Neuansaat oder auch bei Nachsaaten von Kahlstellen gebührend berücksichtigt werden.

Der Wiesenschwingel muß ebenfalls als wertvolles Weidegras berücksichtigt werden. Er ist wetterhart und bevorzugt feuchtere Böden, die aber nicht sauer sein dürfen.

Das Wiesenlieschgras ist ein Gras mit bescheidenen Ansprüchen, wetterhart, eher für feuchte als für trockene Böden geeignet.

Das typische Gras beweideter Flächen ist das Deutsche Weidelgras. Es bevorzugt als Standort feuchtere, gut mit Nährstoffen versorgte Böden, die nicht zu locker sind; trockene oder saure Böden meidet es. Dieses Gras entwickelt sich sehr schnell bei Neuansaaten und kann u. U. zur Verdrängung anderer erwünschter Arten beitragen. Andererseits ist seine Wetterhärte geringer als bei den bisher aufgeführten Arten. Nach winterlichen Kahlfrösten, also ohne schützende Schneebedeckung, kann die Narbe im Frühjahr lückig werden, was Ertragsrückgänge nach sich zieht.

Zur Gruppe der Leguminosen gehört als wichtigste Art der Weißklee. Er ist eine stickstoffsammelnde Pflanze mit reichem Gehalt an Eiweiß und Mineralstoffen, aber großer Rohfaserarmut. An sich ist der Klee in begrenztem Maß ein begehrtes und schmackhaftes Weidefutter. Bei massivem Auftreten führt er bei Pferden aufgrund des geringen Rohfasergehaltes und des starken einseitigen Eiweißanteils zu Gesundheitsstörungen, beginnend mit Durchfällen und – im Extremfall – endend mit der gefürchteten Hufrehe! Besonders gefährdet sind Ponys, wenn man sie unbegrenzt auf stark mit Klee bewachsenen Flächen weiden läßt. Hinzu kommt, daß während der Kleeblüte eine entsprechend bewachsene Narbe übermäßig von honigsammelnden Insekten frequentiert wird und von daher eine Gefährdung der Pferde durch Stiche nicht auszuschließen ist.

Bei der typischen Bewirtschaftung von Pferdeweiden (sehr scharfes Abbeißen der Pflanzen durch die „Zangen", dadurch sehr kurze Narbe; kein übertriebenes Düngen mit Stickstoff zur Erzeugung großer Grasmassen, wie es für Milchvieh oder Mastochsen zweckmäßig sein kann) ist gewährleistet und damit bereits bei vorhandenen kleineren Kleeplätzen vorprogrammiert, daß sich der Klee (so man nicht gegensteuert) unliebsam verbreitet – zu Lasten anderer Kräuter und Gräser. Dies deshalb, weil in erster Linie durch die kurzgehaltene Narbe das Lichtbedürfnis des Klees erfüllt wird und auch durch den Tritt der Pferde der Boden verfestigt wird, was den Ansprüchen des Weißklees entgegenkommt. Da hohes Gras beschattend wirkt, findet man auf Mähwiesen, die zudem noch stärker mit Stickstoff gedüngt sind, kaum Weißklee. Nach Möglichkeit sollten deshalb Pferdeweiden nie zu kurz gehalten werden bzw. sollte abwechselnd auch einmal das Gras hoch wachsen und geheut werden. In Ansaatmischungen für reine Pferdeweiden darf Klee niemals enthalten sein!

Bei starker Kleenarbe kann mit Wuchsstoffherbiziden (sie verändern die Stoffwechselfunktion von Zellen und Geweben der Pflanze und führen zu deren Absterben) vorgegangen werden – was hier aber nicht empfohlen wird! Besser ist nach den Erfahrungen des Verfassers, sich der Düngemittel mit herbizider Wirkung zu bedienen. Zur Eindämmung des Klees kann Kalkstickstoff verwendet werden. Einzelheiten sind in Tab. 11 auf S. 117 aufgeführt.

Der Löwenzahn gehört zu den verbreitetsten Wiesenkräutern und liefert ein schmackhaftes, nähr- und mineralstoffreiches Weidefutter. Auf nährstoffreichen Böden mit mäßiger Feuchte siedelt er sich mit seiner intensiven Samenverbreitung schnell an, während er saure Böden und vernäßte Flächen meidet.

Der Sauerampfer gehört zu den unerwünschten Pflanzen der Pferdeweide. Er ist zwar nicht giftig, aber wenig schmackhaft und wird deshalb stets gemieden. Durch sehr resistentes Wurzelwerk und starke Samenproduktion kann er sich rapide verbreiten und wird dadurch zum Platzräuber – neben optisch ungünstiger Wirkung auf einer kurznarbigen Weide. Die beste Eindämmungsmethode ist das tiefgründige Ausstechen noch vor der Samenreife und (wegen der Resistenz der Samen) die Einbringung in die Mitte des Komposthaufens (dort wo die größte Hitze auftritt). Bloßes Mähen und gar Liegenlassen der Samenstengel führt zu weiterer Verbreitung.

Die Brennessel bevorzugt lockere, humose Böden und kommt horstweise auf Pferdeweiden vor. An sich ist die Brennessel mineralstoffreich, wird aber im grünen Zustand nicht gefressen. Durch häufiges Mähen wird sie zurückgedrängt zugunsten von Gras oder Kräutern. Getrocknet fressen Pferde sehr gerne die abgemähten Brennesseln.

Einige Hinweise noch zur Gruppe der unerwünschten Pflanzen, hier den giftigen Pflanzen: Neben solchen, die in der Grasnarbe auftreten können, muß der Pferdehalter unbedingt auch die giftigen Pflanzen kennen, die normalerweise an Weg- und Waldrändern oder in Parkanlagen vorkommen. Schon manches Pferd hat bei Reitpausen im Gelände an solchen toxischen Pflanzen „genascht" – mit unliebsamen Folgen! Der in einigen Pferdebüchern leichtfertig – weil ungeprüft – gern zu diesem Thema geäußerte Hinweis „Pferde meiden instinktiv Giftpflanzen", ist nicht richtig! Als Grundsatz jedenfalls nicht. So werden z. B. giftige Weidepflanzen, wie Sumpfschachtelhalm und Hahnenfuß, die in geringen Mengen nur zu kleineren Darmstörungen führen (in größeren Mengen allerdings ernste Folgen nach sich ziehen können), durchaus nicht grundsätzlich gemieden, sondern – bei Vermischung mit der Grasnarbe – gefressen (nach eindeutigen Beobachtun-

Tabelle 11: Kulturmaßnahmen gegen unerwünschte Pflanzen und Giftpflanzen

Pflanzenart	Maßnahme/Zeitpunkt	Bemerkungen
Weißklee	Bestreuen mit Kalkstickstoff bei tau- oder regennassen Blättern mit anschließend zu erwartendem Sonnenschein; auf osmotischem Wege bringen dann die Salze Pflanzenzellen zum Absterben; gleichzeitig wirkt der Kalkstickstoff für die nicht blättrigen Pflanzen als Dünger.	Je nach Witterung 3 Wochen nicht beweiden lassen; Kahlstellen nachsäen mit standortgemäßen Gräsern. Nach Möglichkeit Narbe nie kurzfressen lassen, um einen Faktor für die Ausbreitung zu beeinflussen.
Brennessel	Bestreuen mit Kalkstickstoff bei jungem Bestand; ältere Bestände mähen, Wurzeln ausstechen.	Koppeln stets nach der Beweidung ausmähen.
Ampfer	Bereits im Frühjahr mähen und ausgraben.	Nicht zur Blüte gelangen lassen; Samen durch Kompostierung (Hitze) vernichten; sorgfältige Düngung der Weide.
Distel	Vor der Blüte im Mai/Juni mähen; kräftig beweiden lassen und nachmähen.	Düngung intensivieren; stets im Jugendstadium mähen.
Hahnenfuß	Bereits im Mai ausmähen; evtl. bei Mähweiden möglichst früher Heuschnitt und ständige Weidenachmahd kurz vor oder während der Blüte.	Hahnenfuß ist hartnäckig und wenig empfindlich gegen Schnitt und Tritt; kräftige Düngung erforderlich – keine Jauche; evtl. Regulierung der Wasserverhältnisse.
Sumpfschachtelhalm	Tiefgründig ausgraben.	Regulierung der Wasserverhältnisse.
Herbstzeitlose	Bereits im Mai Narbe festwalzen und nach zwei Wochen abmähen, danach tiefgründig ausstechen.	Maßnahmen wiederholen.

gen des Verfassers gerade auch von solchen Naturrassen, denen gemeinhin in diesem Punkt Instinktsicherheit zugetraut wird!). Darüber hinaus unterscheidet erst recht kein Pferd zwischen giftigen und ungiftigen Pflanzen, die weideuntypisch sind. Zum Beispiel ist der Unterschied zwischen einem Fichtenzweig (ungiftig und zur Haarwechselzeit eine willkommene Delikatesse) und einem Eibenzweig (absolut tödlich bereits bei Aufnahme eines kleinen Na-

delzweigs!) keinem Pferd „instinktiv" (also im Erbgedächtnis verankert) bekannt. Deshalb ist die – möglichst praktische – Kenntnis für Pferdehalter und Reiter unerläßlich. Als Vorsichtsmaßnahme sollten Pferde niemals an Weg- und Waldrändern (Farn ist giftig!) oder gar in Parks (giftige Eiben, Goldregen, Akazien, Holunder, Ligusterhecken, Lebensbäume etc.) bei Pausen fressen. Eine Liste der wichtigsten Giftpflanzen findet der Leser im Anhang auf S. 145.

Anlage, Nutzung und Pflege

Kaum eine Pferdeweide gleicht der anderen, denn Standort, Nutzung und Pflege einschließlich der Düngung sind außerordentlich unterschiedlich. Das Spektrum reicht vom „schlammigen Kahl- und Geilstelleneldorado" als „Weide" einer „Pseudo-Robusthaltung" über die sachverständig organisch-biologisch geführte Kulturweide einer Offenstallhaltung bis zur großflächigen Naturweide. Im folgenden soll in erster Linie auf die normalgroße Kulturweide eingegangen werden unter Berücksichtigung organisch-biologischer Bewirtschaftungsmethoden. Es kann sich hierbei nur um grundlegende Hinweise handeln.

Gut beraten ist der Pferdehalter, der in günstiger Lage altes, gutes Dauergrünland kaufen oder pachten kann. Der Standort darf nicht zu feucht sein. Kann man kein altes Dauergrünland für seine Pferdeweiden bekommen, so wird die Anlage einer Weide durch Neuansaat erforderlich. Grundsätzlich ist die gesamte Vegetationszeit von April bis September für eine Neuanlage geeignet. Da Wärme und Feuchtigkeit gleichermaßen für ein gutes Auflaufen der Ansaat Voraussetzung sind, empfehlen sich insbesondere die Monate Juli und August; regional kann aber auch der Mai günstiger sein, wenn genügend Bodenfeuchte vorhanden und die Witterung nicht zu kühl ist.

Nach dem Pflügen des Bodens muß dieser sich einige Zeit „absetzen", denn nur dann bekommt man bei der weiteren Bodenbearbeitung ein feinkrümeliges Saatbeet. Ausgesät wird mit einer Drillmaschine, wobei im Anschluß daran unbedingt mit einer Ringewalze für „Bodenschluß" gesorgt werden muß. Bei Trockenheit sollte beregnet werden. Erfolg wird nur dann auf Dauer gegeben sein, wenn auch die Saatmischung nutzungs- und standortgerecht ist. Empfehlungen geben die Landwirtschaftskammern. Bei landwirtschaftlichen Warengenossenschaften sind fertige Saatmischungen zu erhalten, die nach Arten und Sorten diesen Empfehlungen entsprechen. Man kann diese Mischungen verwenden, wenn darin *kein Klee* enthalten ist; mit Kräutersamen kann man ergänzen.

In den ersten Jahren sind für die Entwicklung der Saat Düngung und Nutzung eher ausschlaggebend als Klima und Boden. Im Laufe der Jahre verändert sich dann zunehmend der Pflanzenbestand (s. Abb. 85 u. 86).

Häufiger als Neuansaat ist in der Praxis eine Nachsaat älterer Weidenarben erforderlich, die aus vielerlei Gründen lückig und stark mit unerwünschten Pflanzen, z. B. Ampfer, durchsetzt sind. Die unerwünschten Pflanzen werden von Weidetieren aufgrund ihres Geschmacks gemieden und gedeihen deshalb besonders üppig. Dadurch beschatten sie erwünschte Kräuter und Gräser, wodurch der Futterwert der Weide sinkt.

Ein vollständiger Grünlandumbruch mit Neuansaat wäre sicher der falsche Weg, denn der Aufbau einer neuen trittfesten Narbe dauert Jahre, weshalb sich als Lösung die Nachsaat anbietet. Landwirtschaftliche Profis würden jetzt zunächst die alte Narbe mit Herbiziden, z. B. Roundup oder Asolux, behandeln, dann nach drei Wochen das Gras abmähen und anschließend nachsäen. Der nachdenkliche Pferdemensch sollte nach Möglichkeit auf die Herbizidkeule verzichten und durch „Kulturmaßnahmen" (s. Tab. 11) in Handarbeit die Flächen säubern, also Wurzelwerk ausgraben, Weißklee- oder Hahnenfußplätze mit Kalkstickstoff bestreuen und abwarten, bis diese Pflanzen vergilbt sind und alle Kalkstickstoffreste vom Boden aufgenommen wurden.

Nach Beseitigung der unerwünschten Pflanzen muß die gesamte nachzusäende Fläche gemäht werden. Das Gras kann verfüttert oder bei großen Flächen konserviert werden. Danach muß kurzfristig die Nachsaat durchgeführt werden. Bei kleinen Flächen kann man das Saatbett mit einem Vertikutierer oder einem Rechen vorbereiten und das Saatgut in Breitsaat per Hand ausbringen; anschließend muß gewalzt oder angestampft werden, um den Samen mit dem Boden zu verbinden. Größere Flächen können mit Maschinen bearbeitet werden. Beim „Schwarzeggen" wird die gesamte Grasnarbe mit einer Egge aufgelockert. Mit einem Düngerstreuer kann anschließend Saatgut ausgebracht werden. Auch mag im Einzelfall eine einfache „Obenaufsaat" mit der Drillmaschine (Sämaschine) ohne besondere Vorbereitungen angebracht sein.

Am besten gelingt eine großflächige Nachsaat mit der Fräs-Drillmaschine (landwirtschaftlicher Lohnunternehmer!). Es handelt sich dabei um Geräte, die in einem Arbeitsgang auf ca. 2 m Breite mit Fräsmessern, die im Abstand von 12 bis 16 cm aufgereiht sind, 1,4 bis 1,6 cm breite und 2 bis 4 cm tiefe Schlitze in die Narbe einfräsen und gleichzeitig über eine aufgebockte Drillmaschine in die Frässpuren das Saatgut einbringen. Anschließend muß noch gewalzt werden. Dieses Nachsaatverfahren kann bereits im Mai bewerkstelligt werden. Es ist sicher, da ein optimales Saatbett für die auflaufenden Gräser geschaffen wird. Gleichzeitig bieten die alten Gräser der gemähten Narbe noch einen befriedigenden Schutz gegenüber Austrocknung. Nach etwa vier bis sechs Wochen kann wieder beweidet werden.

Benötigt man für eine Neuansaat zwischen 40–50 kg Samen, so reichen für eine Nachsaat ca. 35 kg pro Hektar aus. Einen Anhaltspunkt für die Zusammensetzung einer Weideansaatmischung gibt folgendes Beispiel aus dem Bereich der Landwirtschaftskammer Rheinland:
„Dauerweiden-Einsaat Standard III Kleve-Kellen
Bezugs-Nr.: D/BN 240-20 282 M
43% Dt. Weidelgras BORVI
30% Dt. Weidelgras SEMPERWEIDE
17% Lieschgras PHLEWIOLA
10% Wiesenrispe DELFT"

Sowohl zur gesunden Ernährung der Weidetiere als auch zur Pflege der Grasnarbe ist eine ausgewogene Nutzung mit einer überlegten Weideführung notwendig. Ohne Unterteilung der gesamten Fläche ist dies nicht möglich, da bei einer sog. „Standweide", bei der den Tieren die gesamte Fläche für lange Zeit zur Verfügung gestellt wird, die Grasnarbe keine Ruhepause zur Regeneration erhält.

Ideal ist, wenn soviel einzelne Koppeln zur Verfügung stehen, daß ca. 3–4 Tage geweidet und anschließend eine frische Koppel zur Verfügung gestellt wird. Nachdem die beweidete Koppel nachgemäht und gereinigt wurde (Gras abfahren, Kot absammeln), benötigt sie während des Vegetationshöhepunktes ca. 3 Wochen Ruhe. Neigt sich die Weideperiode dem Ende zu, sind die Ruhezeiten auf 4 Wochen zu verlängern.

Einzelne Koppeln, die während des Vegetationshöhepunktes nicht benötigt werden bzw. überständig werden, sollte man mähen; das Gras wird konserviert als Winterfutter. Abbildung 28 auf S. 53 zeigt schematisch Volumen und Zeit des sog. „Grasberges", der zu konservieren ist. Vorteil einer solchen Weideführung ist, daß den Pferden stets nährstoffreiches Futter von parasitenarmen, schonend genutzten Flächen angeboten werden kann. Gute Grünlandwirte mit Rindviehherden verfahren ähnlich. Dabei muß allerdings bedacht werden, daß für die Rindviehhaltung intensive Bewirtschaftung und Düngung üblich ist, bei hohen Besatzdichten auf engem Raum. Durch sehr intensive Weideführung bringen es „Experten" auf nur 0,4 ha Hauptfutterfläche pro Kuh und Jahr, wobei pro Weidetag etwa 60–70 m² zugeteilt werden.

Bei Pferdeweiden handelt es sich im Vergleich zu Rindviehweiden um eine extensive Grünlandnutzung, weil die Weide nicht nur Nährstofflieferant ist, sondern gleichzeitig auch der Bewegung dienen soll. Die Besatzdichte ist deshalb geringer und die Koppeln sind im Verhältnis zum Besatz groß. Günstig ist, wenn Koppeln lang und schmal angelegt werden, denn dies kommt dem Bewegungsbedürfnis mehr entgegen als quadratische Anlagen.

Unter günstigen Bedingungen und Begrenzung der Weidezeit auf 7 bis 8 Stunden täglich (verteilt auf zwei Zeiträume, also z. B. 8.00–12.00 und 18.00 bis 21.00 Uhr) sowie Kraftfutterzufütterung je nach Futterzustand und Leistung, ist für Großpferde von einer Hauptfutterfläche (einschließlich Mähflächen zur Heugewinnung) von mindestens 0,5 ha auszugehen. Für die Haltung von zwei Warmblütern werden demnach mindestens 4 Morgen (= 10 000 m²) Weideland benötigt. Bei wenig ertragreichen Sandböden steigt der Flächenbedarf ganz erheblich, wenn keine sommerliche Beregnungsmöglichkeit besteht. Will man solche Weiden nutzen, sind als Hauptfutterfläche je Warmblüter – auch bei Beregnungsmöglichkeit – drei Morgen als Bedarf einzukalkulieren, um Engpässe zu vermeiden. Erste Voraussetzung zur optimalen Pflege der Pferdeweide ist die oben beschriebene ausgewogene Nutzung durch Schaffung von Umtriebsmöglichkeiten. Ziel aller pflegerischen Maßnahmen ist die Bildung und Erhaltung einer geschlossenen, vielseitigen Grasnarbe. Dieses Ziel ist nicht zu erreichen, wenn während des ganzen Sommers die Weidefläche ohne Ruhezeit und Pflege beweidet wird. Falls es gar nicht anders möglich ist, kann schon etwas erreicht werden, wenn wenigstens ein großer Teil der Gesamtfläche einmal zur Heugewinnung hochwachsen kann. So wird vermieden, daß lichthungrige Platzräuber (z. B. Klee, Gänseblümchen, Rosettenpflanzen, Wegerich usw.) sich übermäßig verbreiten.

Die Probleme bei ständig durch Pferde beweideten Flächen ergeben sich u. a. aus dem Verhalten der Pferde. Pferde verbeißen die Pflanzen wesentlich tiefer als Rinder, sie sind wählerischer und bewegen sich intensiver (s. Abb. 87 u. 88). Weiterhin haben sie die Angewohnheit, ihre Exkremente ortsfest, also auf einmal ausgesuchten Plätzen abzusetzen. An diesen Miststellen (sog. „Geilstellen") können sich die Pflanzen ungestört entwickeln, weil sie hier von den Pferden nicht gefressen werden (Pferde meiden instinktiv ihre Kotplätze bei der Nahrungssuche). Es entstehen so im Laufe der Jahre üppige Stellen mit stickstoffdankbaren Pflanzen, während die Narbe der Restfläche immer stärker verbissen wird, der Pflanzenbestand sich einseitig entwickelt und sich in Lücken

Die Weide 121

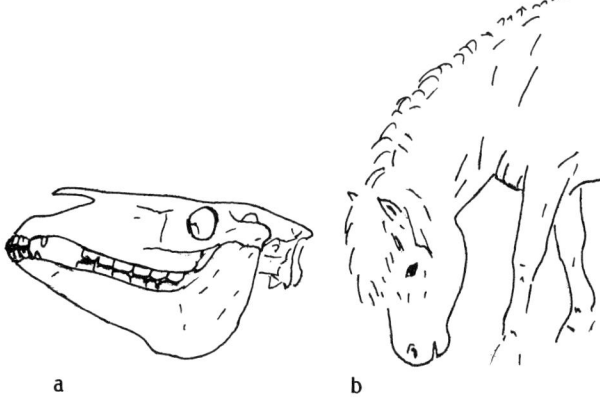

Abb. 87: Gebiß und Freßtechnik des Nordpferdetyps: a) Beißzangengebiß, b) Abbeißen bei senkrechter Kopfhaltung.

Abb. 88: Gebiß und Freßtechnik des Südpferdetyps: a) Rupfgebiß, b) Rupfen mit vorgestrecktem Kopf.

unerwünschte, wertlose Pflanzen ansiedeln und verbreiten. Oft wird empfohlen, Rinder im Wechsel mit Pferden weiden zu lassen, da von ihnen jeweils die Geilstellen der anderen Art abgeweidet werden und auch artspezifische Parasiten im Magen-Darm-Trakt der jeweils anderen Weidetierart vernichtet werden. Das ist alles sehr wünschenswert, aber in der Praxis des typischen Pferdehalters utopisch. Es ist deshalb unumgänglich, mechanisch und mit eigener Arbeitskraft Weidepflege zu betreiben.

Zur obligatorischen Grünlandpflege gehören folgende Maßnahmen:
• Abschleppen des Grünlandes im zeitigen Frühjahr, um Maulwurfshaufen zu verteilen; dabei wird auch abgestorbenes Gras ausgekämmt, wodurch die Bildung von Bestockungstrieben der Pflanzen gefördert wird. Dieser Arbeitsvorgang wird zweckmäßig mit einem Traktor und einer Weideschleppe erledigt. Als Schleppe eignen sich neben den üblichen Eisenschleppen aufgeschnittene, aneinandergehängte Trecker- oder Lkw-

Reifen. Schleppen, die zu Narbenschäden führen, sind ungeeignet.
• Walzen mit der Wiesenwalze, um den durch winterliches Auffrieren gestörten Bodenschluß der Narbe wiederherzustellen. Diese Maßnahme ist ebenfalls im Frühjahr kurz vor Beginn der Vegetation durchzuführen. Sie eignet sich u. U. auch dazu, eine durch Huftritte beschädigte, als Winterweide genutzte Fläche wieder einigermaßen zu glätten. Es darf aber nur bei mäßiger Nässe gewalzt werden, da sonst die Bodengare des Grünlandes empfindlich gestört oder gar zerstört wird!
• Während der gesamten Weideperiode sind die beweideten Flächen regelmäßig (entweder täglich oder mindestens alle 5 Tage) vom Kot zu reinigen. Nach dem Koppelwechsel ist die abgeweidete Koppel jeweils auszumähen, da andernfalls die von den Pferden gemiedenen Pflanzen in ihrem Konkurrenzkampf unterstützt werden und die Oberhand gewinnen gegenüber den schmackhafteren, erwünschten Pflanzen. Das Mähgut ist abzufahren und zu kompostieren, wenn es verunreinigt ist (Geilstellen). Ansonsten kann es auch als geschnittenes Grünfutter im Offenstall vorgelegt werden. Eine Lagerung darf immer nur für einen Tag an einem schattigen Platz erfolgen, da sich sonst das gemähte Grünfutter erhitzt und zu Koliken führen kann. Sehr kurzes Grünfutter sollte nicht verfüttert werden. Gleiches gilt für Rasenabschnitt, der bei Verfütterung zu Anschoppungen und Kolik führen kann.

Gerade für den Pferdehalter mit kleinen Flächen ist die Pflege durch Ausmähen zwingend zur Erhaltung einer akzeptablen Weidefläche. Ohne einen angetriebenen Mäher, entweder Einachsholder mit Mähwerk oder Messerbalkenmäher kann diese Arbeit nur unvollständig durchgeführt werden. Die Anschaffung einer solchen Maschine ist deshalb sehr ratsam. Bewährte Maschinen, die zuverlässig und robust sind, kosten DM 3000 und mehr.

Wasserversorgung

Wasser ist ein unentbehrlicher Bestandteil der Nahrung des Pferdes. Der Körper benötigt es stets in ausreichender Menge. Der Bedarf schwankt und hängt ab vom Körpergewicht, von der Zusammensetzung des Futters, vom Klima und schließlich auch von der Arbeitsleistung (Schwitzen!). Bei Warmblütern mit einem Gewicht von 600 kg, die täglich geritten werden und im Winter Heu sowie Kraftfutter erhalten, können 45 bis 60 Liter am Tag angebracht sein. Bei sommerlichem Weidegang ohne Arbeitsleistung und nicht zu extremer Außentemperatur können 30 Liter ausreichend sein.

Neben der Menge ist die Güte des Tränkwassers entscheidend, denn Pferde sind außerordentlich empfindlich. Tränkwasser mit chemischen Rückständen oder Fäkalienverschmutzung ist ungeeignet. Andererseits konnte vom Verfasser häufig beobachtet werden, daß Pferde – trotz vorhandenem Angebot von hygienisch einwandfreiem Wasser – sehr genüßlich Wasser aus (natürlichen) Pfützen mit Lehmuntergrund tranken.

Die beste Lösung für eine Wasserversorgung ist der Anschluß an das öffentliche Wassernetz mit Leitungsverlegung in den Stall, den Auslauf und in einzelne Koppeln. Über installierte Selbsttränkebecken (s. Abb. 44) können sich die Pferde jederzeit beliebig selbst versorgen. Um Rangeleien zu vermeiden, sollte bei einer größeren Offenstallpferdegruppe für jeweils 4 Pferde ein Tränkebecken vorgesehen werden. Legt man die gesamte Anlage ähnlich wie auf Abbildung 27 dargestellt mit einem Verbindungsweg an, dann reicht es aus, die Wasserversorgung zentral im Auslauf bzw. im Offenstall vorzusehen. Für die kalte Jahreszeit empfiehlt sich ein beheizbares Becken im Stall (s. Abb. 45).

Die Wasserversorgung auf entlegenen Weiden kann u. U. problematischer sein. Leider muß heute vor natürlichen Tränkstellen gewarnt werden, obwohl gerade solche Tränkstellen, also Bäche oder Seen, sich grundsätzlich hervorragend eignen können. Das setzt jedoch voraus, daß man durch wiederholte Wasseranalysen Gewißheit über die hygienisch einwandfreie Beschaffenheit erlangt. Nur zu oft sind heute natürliche Gewässer durch private, industrielle oder landwirtschaftliche Abwässer (Jauche und Silosickersaft!) verschmutzt und gesundheitlich bedenklich.

Hat man ein natürliches Gewässer mit unbedenklichem Frischwasser in erreichbarer Nähe, dann muß eine Tränkstelle errichtet werden. Man muß verhüten, daß die Pferde im Wasser herumspielen, scharren oder gar ihren Kot dort absetzen und damit die Wasserqualität für sich und andere Anlieger beeinträchtigen. Deshalb muß zur Wasserstelle hin ein Zaun errichtet werden. Den Zugang zur Tränkstelle sollte man sorgfältig mit leichtem Gefälle zum Wasserlauf befestigen, damit kein Sumpf entsteht. Durch Stangen, die ähnlich wie ein Freßgitter angebracht werden, können die Pferde ihren Kopf hindurchstecken, um ans Wasser zu gelangen. Für kleine Bestände kann auch der Einsatz eines Tränkewagens mit Wasserfaß und Selbsttränke eine Lösung sein. Dies ist allerdings arbeitsaufwendig, denn länger als zwei Tage sollte im Sommer das Wasser nicht im Faß gelagert werden, da sonst Bakterienvermehrung und Fäulnis drohen. Das Faß muß deshalb regelmäßig neu gefüllt werden.

Die Verwendung von Membran- und Kolbenweidepumpen (s. Abb. 19) ist nur mit Einschränkungen zu empfehlen. Diese Pumpen werden von Landwirten hauptsächlich zur Wasserversorgung der Jungrinder und Kühe aufgestellt. Die Funktion ist einfach: mit dem Nasenrücken schieben die Tiere einen Ansaughebel zurück, Wasser wird angesaugt und fließt in eine Schale. Nicht jedes Pferd wird allerdings aufgrund des – im Vergleich zu Kühen – recht empfindlichen Nasenrückens diese Pumpen „bedienen". Eine mehrtägige „Schulung" der Pferde ist jedenfalls immer erforderlich. Wesentlich besser geeignet zur Selbstversorgung mit Wasser sind Windkraftpumpen, die sich im Nachbarland Holland gut bewährt haben. Der frei schwenkende Propeller paßt sich der Windrichtung an und betreibt die Wasserpumpe. Die Anlagen arbeiten bereits bei Windstärke 2; die durchschnittliche Windstärke in Europa liegt an rd. 300 Tagen des Jahres bei 4. Verbindet man die Pumpe mit einem größeren Wasserbehälter, dann sind auch windarme Tage zu überbrücken. Kleinere Windkraftanlagen pumpen 1,5 bis 5 Kubikmeter Wasser am Tage. Mit größeren Anlagen kann man nicht nur Wasser pumpen, sondern auch Gleichstrom erzeugen, den man in Batterien speichern und für Beleuchtung im Stall verwenden kann. Tabelle 12 enthält weitere Möglichkeiten zur Wasserversorgung der Offenstallpferde.

Tabelle 12: Möglichkeiten der Wasserversorgung

Versorgung durch*)	\multicolumn{5}{l}{Eignung}				
	Weide	Auslauf	Stall	Nur Sommer	Sommer und Winter
Teich oder Bachlauf**)	x	x	–	–	Im Sommer gut, im Winter beschränkt auf frostfreie Zeit
Öffentliches Wassernetz oder Brunnen mit elektr. Pumpe (Rohrleitungssystem mit Tränkebecken)	x	x	x	–	Sehr gut, wenn Leitungen frostsicher verlegt sind und Tränkebecken im Winter beheizbar sind (Trafo)
Wasserkübel	x	x	x	x	–
Wasserkübel	–	–	x	–	Im milden Winter geeignet, wenn der Behälter mit Styropor und Stroh isoliert wird (Boden und Seiten)
Wasserwagen mit Tränkebecken (alle 2 Tage Wasser erneuern!)	x	x	–	x	–
Handpumpe mit Auffangbehälter	x	x	–	x	–
Windkraftpumpe mit Auffangbehälter	x	x	–	x	–
Membran- oder Kolbenpumpe (Selbstversorgung)	x	x	–	x	–

 *) Pumpen, Tränken usw. müssen täglich kontrolliert werden
 **) Vor Benutzung muß eine Wasseranalyse erstellt werden (örtliches Gesundheitsamt)

Kompostbereitung

Bei jeder Art von Pferdehaltung fallen verhältnismäßig große Mengen Mist, Einstreumaterial, abgemähtes Gras, angeschmutztes Heu etc. an. Allein die reine Mistmenge (ohne Einstreumaterial u. ä.) je Pferd beträgt pro Tag etwa eine Schubkarre. Dabei fallen bei einer Offenstallhaltung mit Auslauf und auf 6 Stunden begrenztem Weidegang etwa $2/3$ der Mistmenge im Stall-/Auslaufbereich an. Der Rest, also $1/3$, muß im Normalfall von den Koppeln entweder täglich oder zweimal wöchentlich abgesammelt werden, um die Parasiteninfektion der Pferde in Grenzen zu halten.

Tabelle 13: Beurteilung des Tränkwassers*⁾

Beurteilungskriterium	geeignet	ungeeignet	Bei Nichteignung Hinweis auf
pH-Wert	6–7,5	unter 2 und über 11	industrielle Verunreinigungen
Schwefelwasserstoff (H_2S)	wenn negativ	wenn positiv	bakterielle Tätigkeit, Abbau organischer Substanz
Ammonium	unter 2 mg/L	über 3 mg/L	bakterielle Tätigkeit, Abbau organischer Substanz
Nitrat		über 30 mg/L	Verunreinigungen durch organisches Material, Folgen von Überdüngung mit Mineraldüngern
Nitrit		über 0,5 mg/L	
Eisen	unter 0,2 mg/L	über 3 mg/L	
Salz (NaCl)	unter 2 g/L	über 8 g/L	Verunreinigung von Oberflächenwasser
Sulfate		über 250 mg/L	
fäkale Colikeime			Verunreinigungen durch Fäkalien (Abwässer, Gülle)
fäkale Streptokokken	nur wenn negativ!		
Salmonellen			
Sinnenprüfung nach dem Labortest:			
• optisch	negativ	Schwebstoffe, Schmutz	
• geschmacklich	negativ	faulig oder stark gechlort**⁾	
• geruchlich	negativ	faulig oder stark gechlort	

*⁾ Vom Verfasser ergänzte Tabelle nach dem „Leitfaden" der Niederländischen Kommission zur Untersuchung der Mineralstoffütterung, 1973.
**⁾ Es kommt gelegentlich vor, daß u. U. in den Sommermonaten das Wasser aus dem öffentlichen Netz für empfindliche Pferde zu stark gechlort wird, obwohl es gesundheitlich nicht bedenklich ist. Bei Verweigerung hilft Abfüllen in Eimer und Handtränke nach 2 Stunden (abgestandenes Wasser).

Deshalb darf Pferdemist auch *niemals ohne ausreichende Vorbehandlung* (= Kompostierung) als Dünger für Pferdeweiden verwendet werden. Nach Durchlaufen der im folgenden beschriebenen Kompostierungsphase wird aus dem Pferdemist ein idealer, naturgemäßer Humus-Dünger, der die Fruchtbarkeit des Bodens fördert, den Mikroorganismen Nahrung gibt und dadurch wiederum unsere Weidepflanzen ernährt. Ein Zuviel an Humusdünger gibt es nicht (hier liegt einer der wesentlichen Unterschiede zur Mineraldüngung!), da die Pflanzen davon aufgrund der speziellen Aufbereitung über das Bodenleben nur soviel aufnehmen, wie für gesundes, optimales Wachstum erforderlich ist.

Wie der Begriff schon andeutet, ist Kompostierung eine Art „Zusammenfügung", eine Komposition unterschiedlicher organischer Stoffe. Ohne Praxis ist alle Theorie zunächst „grau", weshalb die Erläuterungen für den Laien im ersten Moment vielleicht kompliziert erscheinen mögen. An sich ist aber das Verfahren in der Praxis einfach, bei geringem Arbeitsaufwand. Um sich keine unnötige Arbeit zu machen und am Ende statt Humus eine faule, schmierige Substanz zu haben, müssen ein paar theoretische Hintergründe aufgehellt werden.

In der Natur gibt es zwei wesentliche Produktionsvorgänge, einmal die sog. Assimilation, worunter ein Aufbauprozeß verstanden wird (Kohlendioxyd + Wasser + Sonnenenergie = Zucker + Sauerstoff), also Wachstum, und zum anderen die sog. Dissimilation, ein Abbauprozeß, bei dem die Kohlenstoffverbindungen (Zucker) als Brennstoff dienen und zusammen mit Sauerstoff und Wasser andere Elemente, z. B. Stickstoffe, umwandeln – dabei wird Energie (Wärme) frei. Dieser Abbauprozeß ist das Gegenteil des Wachstums, die Verrottung. Die Verrottung wird zu einem erheblichen Teil von Lebewesen, Würmern und ganz überwiegend von Mikroben, bewerkstelligt. Die Strukturen der organischen Stoffe werden zerkleinert, sie durchwandern die Körper von Milliarden kleiner und kleinster Lebewesen. Wie im Boden selbst, entsteht so im Kompost neue Erde.

Der Ablauf der Rotte, so sie sinnvoll gelenkt wird und harmonisch abläuft, ist kein Fäulnisprozeß, weshalb auch weder ekelerregende Zersetzungsprozesse noch Gestank oder Fliegenbrut zu befürchten sind. Lediglich wenn für die harmonische Rotte Wärme, Luft und Feuchtigkeit fehlen, beginnen Fäulnisprozesse. Insbesondere wenn Mist und weitere kompostierbare Stoffe zu fest aufeinandergepackt werden, daß kein Sauerstoff durchdringen kann, setzen sich die unerwünschten anaeroben Vorgänge schnell fort. Durch den Luftmangel entstehen übelriechende Verbindungen, wie Schwefelwasserstoff (H_2S = „faule Eier"), Ammoniak, Buttersäure u. Methan. Dadurch werden Fliegen angezogen; sie legen dann ihre Eier in diesen „Misthaufen".

Eine harmonische Rotte setzt deshalb lockere und luftdurchlässige Aufschichtung des Kompostmaterials voraus. Ebenfalls muß genügend Feuchtigkeit vorhanden sein (keine triefende Nässe!); im Sommer sollte deshalb gelegentlich der Komposthaufen begossen werden, zumal wenn er nicht allzu schattig angelegt ist. Die Wärme, die erforderlich ist, wird von den Mikroben selbst erzeugt, wenn alle anderen Voraussetzungen vorhanden sind. Zu diesen Voraussetzungen gehört auch, daß die Mikroorganismen außer mit Sauerstoff und Wasser auch mit Stickstoff versorgt werden, um körpereigenes Eiweiß aufzubauen. Zur Energieerzeugung wird Kohlenstoff benötigt, welcher sehr reichlich im organischen Material vorhanden ist. Diese beiden Grundelemente und das Verhältnis ihres Vorhandenseins im Kompostmaterial spielen die wichtigste Rolle neben den bereits genannten Faktoren. Ideal ist ein Verhältnis von Kohlenstoff (C = carboneum) zu Stickstoff (N = nitrogenium) von 30:1, d. h., die Mikroben können beim Vorhandensein von etwa 30 Teilen Kohlenstoff am günstigsten 1 Teil Stickstoff verwerten. Ist dieses sog. C:N-Verhältnis gewahrt, läuft der Verrottungsprozeß flott und harmonisch ab. Doch dies ist in der Praxis nur selten der Fall, denn niemand hat Zeit und Möglichkeiten, genau die Bestandteile zu analysieren. Letzteres ist auch nicht erforderlich, sondern es gilt, sich dem Ideal möglichst zu nähern und im Einzelfall unterstützende Maßnahmen zu ergreifen. Auch das ist einfacher, als es sich anhört.

Bei Gartenabfällen z. B. besteht nie das Problem zu geringer Stickstoffbestandteile im Vergleich zum vorhandenen Kohlenstoffreservoir, anders dagegen bei einem außerordentlich hohen Sägespananteil. Hier kann u. U. ein ungünstiges, weites C:N-Verhältnis die harmonische Verrottung stoppen oder extrem verlängern. In Kenntnis der Zusammenhänge kann hier allerdings mit einfachen Mitteln verrottungsunterstützend gegengesteuert werden. In Tabelle 14 sind beispielhaft die C:N-Verhältnisse einiger Kompostmaterialien angegeben.

Tabelle 14: C : N-Verhältnis typischer Kompostmaterialien

Art	Verhältnis von C : N
Sägespäne	520 : 1
Weizenstroh	150 : 1
Haferstroh	60 : 1
Laub	50 : 1
Schwarztorf	30 : 1
Kartoffelkraut	25 : 1
Heu	25 : 1
Gras	15 : 1
Pferdekot	10 : 1
Gartenabfälle	7 : 1

In der Praxis beginnt man zunächst damit, einen günstigen Platz für den Kompost auszusuchen, wobei bereits von Beginn an zu berücksichtigen ist, daß man genügend Fläche einplant, denn es sind stets mehrere Mieten nacheinander anzulegen, um jeweils im Herbst (etwa im Oktober/November) genügend Kompost zur Verfügung zu haben, *der mindestens 10 bis 12 Monate ohne Einbringen frischen Pferdemistes gelegen hat* (damit alle Parasiten ausgemerzt sind!).

Je nach Menge des anfallenden Materials kann man z. B. bei einem 2-Pferde-Bestand und Stroheinstreu einschließlich Koppelabsammlung nach 4–6 Monaten mit der 2. Miete beginnen. Sehr zweckmäßig und anzuraten ist, sich die Daten und auch Besonderheiten im Stall- und Weidebuch (s. Tab. 23 S. 146) zu notieren.

Der Platz für den Kompost sollte etwas geschützt liegen, um extreme Witterungsunbilden abzumildern, am besten zwischen großen Sträuchern (z. B. Haselnuß oder Holunder). Der Untergrund sollte nicht befestigt werden. Bei ziemlich undurchlässigem Boden kann man eine 20 cm tiefe Mulde ausheben und mit Sand verfüllen, so bildet sich keine Staunässe. Bei Sandboden ist es nützlich, eine Mulde mit Lehm anzulegen, damit Regen usw. nicht zu schnell durch die Miete in den Boden sickert. Im Extremfall kann auch auf einer betonierten Mistplatte, wie sie typischerweise in Gehöften vorhanden ist, kompostiert werden, wenn ein künstlicher Untergrund aus Lehm aufgeschüttet wird und in diese Aufschüttung Drainagerohre aus Kunststoff zur Belüftung verlegt werden. Nach den Erfahrungen des Verfassers läßt sich auch auf diesem Untergrund ein akzeptabler Kompost gewinnen, wobei die Öffnungen der Lüftungsrohre mit Fliegendraht fest verschlossen werden müssen, um das Einnisten von Mäusen, Vögeln usw. zu verhindern. Auf einem solchen festen Untergrund müssen der Kompostmiete in jedem Fall spezielle Kompostwürmer und Regenwürmer beigegeben werden, die man aus dem Boden einfach ausgräbt und in ein „Nest" aus Rasenabschnitt und Küchenabfällen oder Fallobst zur Vermehrung in die Kompostmiete gibt.

Die Breite der Miete kann ca. 2–3 Meter betragen, die Höhe sollte ca. 1,50 Meter nicht übersteigen, die Länge ist beliebig, die Form entspricht der einer üblichen Rüben- oder Silagemiete. Bei fortschreitender Verrottung ändert die Miete ihre Form und wird insgesamt erheblich flacher. Nützlich ist, wenn der Weg zur Miete bei allen Witterungsbedingungen zumindest mit der Schubkarre gut befahrbar ist, z. B. durch Verlegen von Wegplatten u. ä.

Wie man nun im Einzelfall vorgeht, hängt von der individuellen Situation und vom Material ab. Das Prinzip des Mietenaufbaus sollte aber eingehalten werden:
- Durchmischung aller organischen Materialien,
- Feuchthaltung,
- Lockerer, luftiger Schichtaufbau,
- Äußerer Wärmeschutz,
- Zusatz von speziellen Kompostwürmern und/oder Regenwürmern.

Verrottungsgünstiger ist in jedem Fall die Kompostmiete auf Strohbasis im Vergleich zur Kompostmiete auf Sägespanbasis. Bei Strohbasis hat man nach einem Jahr bereits guten Kompostdünger, der ohne weiteres auf die Pferdeweide gebracht werden kann, bei Sägespanbasis (mit zusätzlicher Strohdurchmischung und Lehmanteil) dauert es gewöhnlich mindestens zwei Jahre oder länger. Bei sehr hohem Sägespangehalt kann die Kompostierung auch ungewöhnlich lange, nämlich bis zu 10 Jahre dauern!

Egal ob Stroheinstreu oder Sägespäne als Einstreumaterial bevorzugt werden, man beginnt die Basis der Kompostmiete mit einer Strohschüttung, die angefeuchtet wird. Darauf kommt Pferdemist (im Sommer evtl. auch anfeuchten mit dem Wasserschlauch), gemischt mit Stroh oder Rasenabschnitt bzw. abgemähtem Gras.

Nun werden täglich der anfallende Pferdemist sowie alle verwertbaren sonstigen organischen Abfälle aufgeschichtet. Wie bereits oben angedeutet, ist der Kompostierungsprozeß bei hohem Sägespananteil problematischer. Damit dieser Prozeß gut verläuft, nicht zu lange dauert und auch eine Vertorfung vermieden wird, muß auf ca. 10 Karren Mist mit Sägespänen jeweils $1/2$ Karre Stroh-Erde-Algomin-Gemisch kommen. Statt Algomin (Korall-Algenkalk) kann auch Thomasphosphat oder Urgesteinsmehl verwendet werden (nie Sand beimengen!). Bereits fertige Komposthaufenteile deckt man mit Stroh locker zu. Die angegebenen Zusätze sind zwar bei Strohmist nicht unbedingt erforderlich, schaden aber keinesfalls, sondern ergeben einen ganz ausgezeichneten Humus. Nach ca. 10–12 Monaten (bei Sägespanmist länger) kann der fertige Kompost ausgebracht werden. Hierzu lädt man ihn mit einer Frontschaufel (Traktor) auf einen Düngerstreuer, das ist die bequemste Art. Gut ist, wenn anschließend die gedüngte Fläche mit der Weideschleppe „abgeschleppt" wird, um die Verteilung und den Bodenschluß zu verbessern.

Die anfallende Kompostmenge richtet sich einerseits nach der Größe und Zahl der gehaltenen Pferde, andererseits nach der Art und Menge des organischen Zusatzmaterials (Stroh, Späne, Altgras, Abfälle). Als grobe Faustregel kann man davon ausgehen, daß bei der Haltung mittelgroßer Pferde (um 500 kg Gewicht) aufgrund einer täglichen Mistmenge um 15 kg plus Zusatzmaterial im Jahr ca. 40 000 kg (= 40 dz) Kompost erzeugt werden können. Bei der Haltung von zwei Pferden ergibt sich somit in etwa der Bedarf für die Düngung der erforderlichen Hauptfutterfläche von 1 Hektar (10 000 m²). Eine Überdüngung mit Kompost ist ausgeschlossen; es können auch 100 dz auf einem Hektar verteilt werden!

Die Kompostierung und naturgemäße Düngung entspricht dem natürlichen Kreislauf der Stoffe und hat sowohl für alle Böden als auch für alle Weidetierarten nur Vorteile. Dies sind insbesondere
- nachhaltige Verbesserung des gesamten Bodenlebens (von den Mikroorganismen bis zu den Regenwürmern),
- Durchlüftung des Bodens und damit besseres Wasserhaltevermögen (geringere Narbenschäden bei Trockenheit),
- Förderung des gesunden Pflanzenwachstums durch bessere Wurzelung, Stärkung der Abwehrkräfte gegen Schädlinge,
- geschmacklich und stofflich besserer Pflanzenbestand,
- geringe Nährstoffauswaschungsverluste – keine Grundwasserverseuchung und
- vermehrte organische Bindung des Luftstickstoffs durch das optimierte Bodenleben.

Demgegenüber bringt die intensive, ausschließlich aus chemischen Erzeugnissen aufgebaute Düngung erhebliche Nachteile, die aber vordergründig überdeckt werden durch beeindruckendes Massenwachstum. Auf der Strecke bleiben dabei Schmackhaftigkeit und Vielseitigkeit des Futters, ausgeglichene Verfügbarkeit von Mineralien und Spurenelementen, Widerstandsfähigkeit der Pflanzen, ein artenreicher, fruchtbarer und regenerationsfähiger Boden sowie lebenswichtige Umweltschutzgesichtspunkte.

Wenn schon in den professionellen Monokulturen der Landindustrie aufgrund vorgeblicher „Sachzwänge" nur noch die Chemie regiert, sollte wenigstens der private Pferdehalter in Übereinstimmung mit der Natur sein Land bewirtschaften. Dazu gehört unumgänglich die Kompostierung und naturgemäße Düngung, die übergangsweise oder allenfalls als geringgradige Ergänzung mit der chemischen Methode verbunden werden kann. Weitere Einzelheiten hierzu enthält das folgende Kapitel „Düngung".

Düngung

Es wurde bereits erläutert, daß die Bewirtschaftung einer Weide nach „natürlichen Methoden" nicht heißt, der Natur einfach freien Lauf zu lassen. Es wächst eben nicht alles von selbst, und die „Mutter Natur" wird's in unserem Sinne – denn wir haben ein bestimmtes Nutzungsziel vor Augen – nicht recht machen, sondern zur „Wildnis" zurückkehren! Wir wollen auf einer Kulturweide Pferde gesund ernähren, wir entnehmen Gräser, Kräuter zur Futterkonservierung und erwarten, daß alles wieder ordentlich verwertbar nachwächst. Auch hier gilt die Regel: Die Pflanzen entnehmen dem Boden Nährstoffe, die sie zum Wachstum brauchen, um Blattmasse zu bilden, Ausläufer zu treiben, um Samen zu bilden und sich zu vermehren. Damit keine künftigen Mangelerscheinungen und gravierende Umwälzungen im Pflanzenbestand auftreten, müssen die verbrauchten Nährstoffe wieder an den Boden zurückgegeben werden. Je stärker nun eine Weide genutzt wird, man spricht von „Intensivnutzung", desto mehr Nährstoffe müssen in Form von Dünger zurückgegeben werden.

Die Schwierigkeit besteht nun darin, möglichst genau herauszufinden, unter welchen Bedingungen, bei welchem Nutzungsgrad welche Nährstoffe und Nährstoffmengen in welcher Form von Dünger zurückzugeben sind. In Form und Wirkungsweise des Düngers gibt es zwei Kategorien:

● Die naturgemäße Düngung, die davon ausgeht, daß nicht die Pflanze direkt, sondern das Bodenleben ernährt wird. Der hierfür eingesetzte organische Dünger muß erst im Kompost oder direkt im Boden durch das Bodenleben (Mikroorganismen) aufgeschlossen und in eine für die Pflanze verfügbare Form umgewandelt werden. In Verbindung mit dem im Boden verfügbaren Wasser entsteht dann eine Nährlösung, die von den Pflanzenwurzeln aufgenommen wird.

● Die chemische Düngung, die den Pflanzen direkt wasserlösliche Nähr-(Dünge-)salze zuführt ohne den Umweg über das Bodenleben. Justus von Liebig war es, der im vorigen Jahrhundert die Zusammenhänge erforschte und herausfand, daß durch „Kunst- oder Mineraldünger" in Verbindung mit Wasser den Pflanzen eine Nährlösung bereitgestellt werden konnte, die das Massenwachstum enorm beschleunigte.

Ausschlaggebend für die Quantität und insbesondere für die Qualität des Weidefutters ist eine harmonische Düngung. Dies bedeutet, daß alle erforderlichen Nährstoffe in einem bestimmten Verhältnis zueinander vorhanden sein müssen, um optimale Wachstumsbedingungen zu gewährleisten. Ein „Drauflosdüngen" ist nicht nur unwirtschaftlich, sondern kann zu Wachstumsblockaden bei bestimmten Pflanzen führen. Im übrigen richtet sich das Wachstum immer nach dem im Minimum vorhandenen Nährstoff. Ratsam ist deshalb, sich durch eine Bodenanalyse erst einmal zu vergewissern, wie der Nährstoffvorrat der jeweiligen Fläche beschaffen ist. Dazu benötigt man Bodenproben (je 500 m^2 1 Probe), die man durch Austiche mit einem Eisenrohr (ca. 4 cm breit) von der Fläche entnimmt (nicht tiefer als 10 cm). Die Probenentnahme soll gleichmäßig über die Fläche verteilt sein. Bei 1 Hektar Fläche mischt man z. B. die 15–20 gezogenen Proben gut durch und verpackt davon ca. 500 g in einen Kunststoffbeutel, kennzeichnet diesen mit „Grünlandprobe" und der Absenderadresse und sendet diese Probe umgehend an ein Untersuchungsinstitut (Adressen siehe Anhang, S. 144). Untersucht werden sollte mindestens auf pH-Wert, Phosphor und Kali. Die Kosten belaufen sich auf rd. 20 DM. Noch besser ist eine umfassende Analyse, die zusätzlich die Elemente Magnesium (Mg), Natrium (Na), Kupfer (Cu) und Mangan (Mn) umfaßt. Hierfür sind als Untersuchungskosten je Element nochmals ca. 15 DM anzusetzen. Normalerweise geben die Untersuchungsinstitute auch auf der Grundlage der ermittelten Nährstoffdaten Düngerempfehlungen, die auch den Entzug von Nährstoffen durch die Art der Grünlandnutzung berücksichtigen müssen.

Ein konkretes Düngungsrezept kann verständlicherweise hier nicht gegeben werden. Man muß sich schon in jedem Einzelfall mit den chemischen und physikalischen Vorgängen befassen. Um diese Vorgänge verstehen und praxisgerecht anwenden zu können, ist die Kenntnis der folgenden Zusammenhänge unerläßlich:

Für ein optimales Wachstum benötigen Weidepflanzen Nährstoffe, die einmal zum Aufbau des pflanzlichen Gewebes und zum anderen zur Stoffwechselsteuerung erforderlich sind.

Neben Wasser, Luft und Energie benötigen die Pflanzen in verhältnismäßig großen Mengen die *Hauptnährstoffe Stickstoff, Phosphat, Kalium, Calcium und Magnesium.* Zu diesen sogenannten Mengenelementen sind in geringen Mengen Spurenelemente, z. B. Kobalt, für Wachstum und Stoffwechsel notwendig. Die Spurenelemente sind aber im Regelfall in humosen Weideböden ausreichend vorhanden. Fehlen kann z. B. das genannte Kobalt auf den sauren Granitböden des Schwarzwaldes. Abhilfe schafft Düngung mit Thomasphosphat, mit Kompost oder mit Spezialdünger (Mehrnährstoffdünger mit Spurenelementen).

Die Hauptnährstoffe wirken unterschiedlich:

● Stickstoff (N) regt das Wachstum an, intensiviert die Grünfärbung und dient als Baustein für Eiweiß, Enzyme und Vitamine. In Form von Ammonium oder Nitrat gelangt es in die Pflanze. Bei Stickstoffmangel stockt das Wachstum, die Pflanzen bleiben klein. Stickstoffüberdüngung führt zu Verbrennungen und zum Erliegen des Stoffwechsels der Pflanzen. Daneben führt übermäßige Stickstoffdüngung immer zu irreversiblen Umweltschäden. An erster Stelle ist hier die Nitratverseuchung des Grundwassers zu nennen, die leider fast überall bereits feststellbar ist. Durch unsachgemäße Düngung wird eines der nicht ersetzbaren Hauptnahrungsmittel für Mensch und Tier verdorben. Starke Stickstoffdüngemittel sind Jauche, Gülle, Exkremente aus der Massentierhaltung (Puten, Hühner), Industriefäkalien (z. B. Abwasser aus der Kartoffelstärkeproduktion) u. ä. Auch aus Gründen der Erhaltung pferdeadäquater Geschmackskomponenten sollte man diese Düngemittel für Pferdeweiden strikt ablehnen.

Die einzig naturgemäße, nichts und niemanden schädigende Form der Stickstoffdüngung ist die Kompostdüngung. Sie kann in der Praxis mit Fingerspitzengefühl bei zurückhaltender Dosierung u. U. ergänzt werden durch gezielte Mineraldüngung mit Kalkammonsalpeter, wenn dies zur Erzeugung höherer Erträge unbedingt sein muß.

● Phosphor (P) ist Baustein für wichtige Verbindungen und fördert in erster Linie die Wurzelbildung. In stark sauren und alkalischen Böden ist die Verfügbarkeit gering. Bei Phosphatdüngung (P_2O_5) muß auf gleichmäßige Verteilung geachtet werden. P-Mangel ruft bei Pferden Fruchtbarkeitsstörungen, Knochenerkrankungen und Lähmungen hervor.

● Kalium (K) bewirkt die Aktivierung vieler Enzyme im wachsenden Pflanzengewebe und stärkt die Zellwände. Ein Mangel an Kalium führt bei den Pflanzen zu Dürre- oder Frostschäden. Insbesondere Sandböden sind durch die erhöhte Auswaschungsgefahr häufig kaliumarm. Kalium-Mangel bei Weidetieren ist selten.

● Calcium (Ca) wird von den Pflanzen zum Aufbau wichtiger Verbindungen gebraucht und hat im übrigen eine große Bedeutung für den Boden, denn es beeinflußt den pH-Wert. Der für Grünland optimale pH-Wert ist abhängig von der Bodenart und dem Gehalt an organischer Substanz (Humus) – s. Tabelle 15.

Tabelle 15: Anzustrebender pH-Wert für Grünland

Bodenart	Anzustrebender pH-Wert (CaCl$_2$) bei Gehalt an organischer Substanz (%)				
	schwach humos 0–8 %	stark humos 9–15 %	anmoorig 16–30 %	moorig über 30 %	Höchstgabe CaO dz (= 100 kg)/ha/J
Sand	5,0	5,0	4,8	4,5	8–10
lehmiger Sand / sandiger Lehm	5,5	5,0	5,0	4,5	10–15
Lehm, Ton	5,8	5,5	5,3	4,8	15–20

Calcium-Mangel führt zu einer Behinderung der Auf- und Abbauprozesse im Boden und kann bei Weidetieren Entwicklungsstörungen hervorrufen.
• Magnesium (Mg) ist ein wichtiger Bestandteil des Blattgrüns und wirkt mit bei der Energieübertragung, beim Eiweißaufbau und der Phosphataufnahme durch die Pflanze. Der Magnesium-Bedarf der Weidetiere liegt erheblich höher als der Bedarf der Pflanzen.

Bevor in der Praxis irgendwelche Düngemaßnahmen ergriffen werden, muß der Säuregehalt des Bodens ermittelt werden. Dieser wird ausgedrückt als „pH-Wert", wobei der Skalenwert „7" eine neutrale Bodenreaktion bezeichnet. Unter 7 zeigen die Skalenwerte eine immer stärker werdende saure Reaktion an, über 7 beginnt die alkalische Bodenreaktion. Die meisten Pflanzen bevorzugen einen schwachsauren Boden (abgesehen von Moorpflanzen, z. B. Heidekraut). Tabelle 15 enthält die für Weiden anzustrebenden pH-Werte. Kalk (CaO) bindet die Bodensäure und wird als Regulator eingesetzt. Ein übertriebenes Kalken ist allerdings schädlich, weil es zu Nährstoffblockaden führen kann. Die durch Entzug und Auswaschungen entstandenen Kalkverluste sind wenigstens alle drei Jahre zu ersetzen. Bei normalen sandigen Lehmböden sind dann mindestens alle drei Jahre 10 dz/ha Rein-CaO erforderlich. Will man unabhängig von professionellen Bodenuntersuchungen den pH-Wert feststellen, so kann man sich eines im Handel erhältlichen Test-Sets bedienen („Calcitest").

Kalkdünger (auch bei naturgemäßer Düngung, also Kompostdüngung, erforderlich!) sind kohlensaurer Kalk, Korall-Algenkalk („Algomin"), Kalkmergel,

Tabelle 16: Beispiele für Phosphorgehalt und Düngung

	Gehalt im Boden (alle Bodenarten)	Düngung in kg P$_2$O$_5$/ha	
Grad	mg P$_2$O$_5$ in 100 g Boden	Grundbedarf bei Weidenutzung	Zusatzbedarf bei einem Heuschnitt
niedrig	bis 10	120	40
mittel	11–20	80	40
hoch	21–30	40	30
sehr hoch	31–40	0	20
extrem hoch	über 41	0	0

Tabelle 17: Beispiele für Kaliumgehalt und Düngung

Grad	Gehalt im Boden (alle Bodenarten) mg K_2O in 100 g Boden	Düngung in kg K_2O/ha Grundbedarf bei Weidenutzung	Zusatzbedarf bei einem Heuschnitt
niedrig	bis 10	120	80
mittel	11–20	80	80
hoch	21–30	40	60
sehr hoch	31–40	0	40
extrem hoch	über 41	0	0

Tabelle 18: Beispiel für chemische Düngung mit Volldünger*)

Düngezeitpunkt	Düngermenge kg/ha	darin enthaltene Reinnährstoffe kg/ha			
		Stickstoff (N)	Phosphat (P_2O_5)	Kalium (K_2O)	Magnesium (Mg)
März/April	250	30	30	42,5	5
Juni/Juli	250	30	30	42,5	5
August	250	30	30	42,5	5
Gesamt/Jahr	750	90	90	127,5	15

*) Nitrophoska blau spezial mit 12 % N, 12 % P_2O_5, 17 % K_2O und 2 % Mg

Tabelle 19: Beispiel für chemische Düngung, bestehend aus einer einmaligen Grunddüngung und mehrmaligen Stickstoffgaben

Düngezeitpunkt	Düngerart	Menge kg/ha	darin enthaltene Reinnährstoffe kg/ha		
			Stickstoff (N)	Phosphat (P_2O_5)	Kalium (K_2O)
März (Grunddüngung)	Rhe-Ka-Phos*)	600	–	84	144
	Kalkammonsalpeter**)	75	19,5	–	–
Juni	Kalkammonsalpeter	75	19,5	–	–
August	Kalkammonsalpeter	75	19,5	–	–
September	Kalkammonsalpeter	75	19,5	–	–
Gesamt/Jahr		900	78	84	144

*) Rhe-Ka-Phos mit 14 % Phosphat und 24 % Kalium
**) Kalkammonsalpeter mit 26 % Stickstoff

Magnesiumkalk, Branntkalk und Thomasphosphat. Die Kalkdüngung erfolgt während der Wachstumsruhe (Spätherbst oder zeitiges Frühjahr). Zu berücksichtigen ist selbstverständlich immer auch die Zusammensetzung der kalkhaltigen Düngemittel, um die richtigen Mengen auszustreuen. Kohlensau-

Tabelle 20: Beispiel für naturgemäße Düngung mit kompostiertem Pferdemist und mineralischen Düngemitteln*)**)						
Zeitpunkt	Düngerart	Menge kg/ha	darin enthaltene Reinnährstoffe kg/ha			
			Stickstoff (N)	Phosphat (P_2O_5)	Kalium (K_2O)	Kalk (CaO)
Spätherbst (Oktober, frostfrei)	Kompost (mindestens 12 Monate gelagert)	6000	48	18	72	24
Oktober	Thomasphosphat	200	-	30	-	90
Gesamt/Jahr		6200	48	48	72	114

*) Bei Kaliummangel können bis zu 120 kg/ha Kalimagnesia zusätzlich im Herbst gestreut werden. Der allgemeinen Bodenverbesserung dient Basaltmehl (Urgesteinsmehl); hiervon sollten alle zwei Jahre ca. 1000 kg mit dem Kompost ausgebracht werden (Spurenelementversorgung) - besonders bei sandigen Böden.
**) zusätzliche Erläuterungen enthält das Kapitel „Kompostbereitung".

rer Kalk ($CaCO_3$) besteht aus nahezu 60% CaO, während z. B. Thomasphosphat ca. 15% P_2O_5 und ca. 45% CaO enthält.

Die in den Tabellen 16 bis 20 enthaltenen praktischen Beispiele sind Düngemaßnahmen, bezogen auf konkrete Einzelfälle, und keine allgemeinen Empfehlungen. Sie sollen lediglich verdeutlichen, wie die komplexen theoretischen Zusammenhänge praktisch umgesetzt werden können. Insbesondere sind die Beispiele für den Einsatz chemischer Düngemittel nach Möglichkeit nicht zu praktizieren, sondern man sollte der naturgemäßen Düngung den Vorzug geben oder wenigstens bereit sein, darauf umzustellen! Die in den Tabellen 16 bis 20 aufgeführten Werte beziehen sich immer auf eine Fläche von 10 000 m², also 1 Hektar (ha) = 4 Morgen, wie sie durchschnittlich für die Ernährung von 2 Großpferden erforderlich ist.

Futterkonservierung

Um für die vegetationsarme Zeit des Winters genügend Rauhfutter zu haben, muß während der Wachstumszeit im Sommer das Grünfutter konserviert werden. Für die Winterfutterdisposition rechnet man mit mindestens 180 Tagen der Zufütterung, besser mit 220 Tagen (so können auch Trockenzeiten des folgenden Sommers u. U. durch Zufütterung überbrückt werden).

Üblich sind zwei Konservierungsarten, nämlich *Trocknung* oder *Silierung* des Grünfutters. Für Pferde wird im Regelfall die Trocknung des Grünfutters zu Heu erforderlich und praktikabel sein. Lediglich im landwirtschaftlichen Betrieb bietet es sich an, auch den Pferden - neben Heurationen - Gras- oder auch Maissilage in begrenzten Mengen zuzufüttern.

Am Rande soll kurz die Gärfutterbereitung dargestellt werden. Hierbei wird das Ausgangsmaterial (meist angewelktes Gras - kein frisch gemähtes Gras, da darin nicht genügend gärfähige Zuckerbestandteile vorhanden sind!) durch Ansäuerung haltbar gemacht. Dies geschieht entweder durch Einfüllen des ca. 2 Tage angewelkten Materials in einen Gärfutterbehälter (Silo) oder durch Aufschichten einer Miete. Bei beiden Lagermöglichkeiten muß das Material ohne Unterbrechung eingebracht werden und durch Anpressen oder Walzen der Luftsauerstoff im Futter beseitigt werden. Je grobstengeliger das Material ist, desto schwieriger wird dies, weshalb es günstig sein kann, das Material zu häckseln (typisch für Maissilage). Zur Verbesserung der Gärqualität können Silierhilfsmittel (z. B. Futterzucker) zugesetzt werden. Nach dem Einbringen ist die Miete oder der Behälter luft- und regendicht abzudecken (meist durch Kunststoffplanen, die später ordnungsgemäß zu entsorgen sind). Unter guten Bedingungen läuft dann im aufgeschichteten Material eine schnelle Milchsäuregärung mit andauernder Ansäuerung ab, die diesem Futter Schmackhaftigkeit und hohen Nährwert verleiht. Bei unsauberen Erntebedingungen, ungenügendem Luftabschluß und bei Eindringen von Feuchtigkeit laufen negative Prozesse ab, die zur Ungenießbarkeit des Futters führen. Nachgärungen und Nacherwärmungen, Fäulnisbakterien und Buttersäurebakterien sowie Schimmelpilze sind nicht selten dafür verantwortlich. Bei der winterlichen Entnahme von Silage ist stets wieder für Verschluß zu sorgen.

Die Trocknung von Grünfutter zu Heu ist die in der Pferdefütterung gebräuchlichere und auch gesündere Art, für Winterfutter zu sorgen. Neben Weidegras zählt Heu zum wichtigsten Grund- und Erhaltungsfutter des Pferdes, es ist durch kein anderes Futter voll zu ersetzen. Für die Futterqualität ausschlaggebend sind die Zusammensetzung des zu trocknenden Grünfutters, das Trocknungsverfahren sowie die Art der Lagerung.

Für Pferde eignet sich primär Wiesenheu, welches Anfang Juni zu Beginn der Blüte geerntet wird (1. Schnitt). Feldheu, etwa Raygrasheu, Kleeheu und Luzerneheu, ist als zusätzlicher Eiweißträger für Sportpferde neben einer Ration aus Wiesenheu gut geeignet. Für Pferde im Erhaltungsstoffwechsel ohne große Arbeitsleistung oder für Vertreter der robusten Ponyrassen ist es zu gehaltvoll (eine ausschließliche Fütterung kann z. B. bei Ponys zu Hufrehe führen). In Tabelle 22 auf S. 138 sind die wesentlichen Kriterien für die Heubeurteilung aufgeführt.

Man unterscheidet folgende Trocknungsverfahren:
- Künstliche Trocknung,
- Unterdachtrocknung,
- Reutertrocknung und
- Trocknung am Boden.

Die künstliche Trocknung, mit der sog. „Trockengrün" erzeugt wird, ist die teuerste Art der Trocknung, weil dabei mit erheblichem Energieaufwand in einer technischen Anlage die im gemähten Futter enthaltene Feuchtigkeit entzogen wird. Dieses Trocknungsverfahren lohnt sich überhaupt nur bei außerordentlich nährstoffreichem Futter und ist wirtschaftlich unbedeutend.

Von Unterdachtrocknung spricht man, wenn gemähtes Futter kurzzeitig im Freien und danach unter Dach durch besondere Belüftung mit Ventilatoren und Luftkanälen getrocknet wird. Es gibt hierfür zwei Verfahren, die Warmbelüftung (mit einer Heizung) und die Kaltbelüftung (mit Außenluft). Die Vorteile dieser „Scheunentrocknung" sind (wenn sie sachgerecht durchgeführt wird) in der Verminderung des Witterungsrisikos und in der Qualitätsverbesserung zu sehen.

Unter Reutertrocknung versteht man das Aufpacken von etwas vorgetrocknetem Grünfutter auf kleine oder große Gerüste aus Holz bis zur Endtrocknung. Diese Art der Trocknung bringt durchweg gute Heuqualitäten, hat aber den Nachteil, daß sie sehr arbeitsintensiv ist. Lediglich in niederschlagsreichen Berglagen, die sich einer mechanischen Bearbeitung entziehen oder bei kleinen Flächen sollte auf Reutern getrocknet werden. Die Trocknung auf den früher weit verbreiteten Dreibockreutern erfordert zudem eine verhältnismäßig lange Vortrocknung, wenn die Endqualität stimmen soll.

Im Normalfall wird der Pferdehalter (so er nicht sein Heu kauft) die Bodentrocknung betreiben. Der Erfolg der Bodentrocknung hängt primär ab von der Witterung und erfordert neben den einzelnen Arbeitsschritten etwas Fingerspitzengefühl und Erfahrung. Unbedingt notwendig ist, sich vor dem Mähen den landwirtschaftlichen Wetterbericht (Telefonansagedienst) zu Gemüte zu führen, um mindestens drei Tage beständig sonniges Wetter (möglichst mit geringer relativer Luftfeuchtigkeit und mittlerem Wind) als Erntewitterung abzupassen. Ein „Drauflosmähen", wie es in der landwirtschaftlichen Praxis gelegentlich zu beobachten ist, ist sehr risikoreich und bringt oft Regenheu, das durch Auswaschungsverluste, Bröckelung und Dreck ohne Umweg auf den Kompost gehört. Für Pferde ist solches Heu nicht geeignet (darf auch niemals als Einstreu verwendet werden – wie im übrigen jedes Heu dazu nicht dient).

Die Heuernte erfordert die folgenden Arbeitsschritte. Man muß
- mähen,
- zetten,
- wenden,
- schwaden sowie
- pressen, einfahren und lagern.

Sämtliche Arbeiten können mit entsprechenden Maschinen erledigt werden. Erforderlich sind:
- Traktor (mindestens ca. 25 PS) mit Zapfwellenantrieb und Hydraulik,
- Mähwerk für Zapfwellenantrieb als Anbaugerät oder Traktorbalkenmäher (nur bei älteren Traktoren vorhanden) bzw. Einachsbalkenmäher oder Einachskreiselmäher.
- Kombinationsheuwender mit Schwadmöglichkeit oder Heuwender und Schwader jeweils separat als Anbaugerät für Traktor oder Einachsholder,
- Hochdruckballenpresse und Ladewagen.

Wenn die Witterungsprognose günstig ist, wird man das Gras vormittags mähen, wenn Tau- oder Regenwasser durch Sonneneinstrahlung verdunstet sind. Mäht man nasses Gras, dann dauert dieser erste Verdunstungsprozeß wesentlich länger. Sofort nach dem Mähen muß das Mähgut gezettet werden. Dieses Zetten bedeutet, daß die nach dem Mähen ziemlich eng parallel zueinanderliegenden Gräser auseinandergewirbelt und gleichmäßig locker über die gesamte Mähfläche verteilt werden. Dies kann bei kleinen Flächen mit der Heugabel erledigt werden, ist aber bei großer Grasmenge für Ungeübte Schwerstarbeit! Besser ist die Erledigung mit einem Kombinationsheuwender, den man nie zu tief einstellen sollte,

Tabelle 21: Aufnahmevermögen der Luft (g Wasser je m³ Luft)

Temperatur °C	Relative Luftfeuchtigkeit in %					
	40	50	60	70	80	90
5	4,1	3,4	2,7	2,0	1,4	0,7
15	7,7	6,4	5,1	3,8	2,6	1,3
20	10,4	8,6	6,9	5,2	3,5	1,7
30	18,2	15,2	12,1	9,1	6,1	3,0

damit nicht übermäßig Erde in das Futter verwirbelt wird.

Nachmittags beginnt man mit dem ersten Wenden des Mähgutes, d. h., das Futter wird umgedreht und belüftet. So können Sonne und Luft darauf einwirken und die Trocknung geht zügig voran. Neben der Bearbeitung des Mähgutes hängt die Trocknung entscheidend von der Fähigkeit der Luft ab, verdunstetes Wasser aufzunehmen. Bei Nebel z. B. kann kein Trocknungsprozeß ablaufen, da die Luft zu 100% mit Wasser gesättigt ist (= Nebel oder Tau). Erwärmt sich nun die Luft durch Sonneneinstrahlung, kann sie mehr Feuchtigkeit aufnehmen, der Nebel verschwindet. Die Verdunstungsmenge, die jeweils von der Luft noch aufgenommen werden kann, hängt von dem Verhältnis der vorhandenen Feuchtigkeit zu der maximal möglichen ab. Ausdruck dieses Verhältnisses ist die Prozentzahl der „relativen Luftfeuchtigkeit", die mit einem Hygrometer gemessen wird.

Aus Tabelle 21 ist ersichtlich, daß das Wasseraufnahmevermögen der Luft und damit die höchstmöglichen Verdunstungsraten für die Trocknung optimal bei niedriger relativer Luftfeuchte und hohen Temperaturen ist. Diese optimalen Bedingungen herrschen im Sommer nur um die Mittagszeit vor. Andererseits gibt es im Sommer häufig Tage mit ca. 85% relativer Luftfeuchtigkeit und geringen Verdunstungsraten. Gleiches trifft zu nach Zwischenregenfällen. Dann muß das Mähgut durch Wenden belüftet werden, um Erhitzungen und Fäulnis zu verhüten (eine Trocknung findet unter solchen Bedingungen dann kaum statt).

Bei günstigen Verhältnissen kann das Futter am späten Nachmittag des 1. Tages bereits auf einen Wassergehalt von 60% heruntergetrocknet sein. Da gegen Abend – bedingt durch Luftabkühlung – Befeuchtung durch Tau zu erwarten ist, muß das Futter zusammengezogen werden, und zwar in sog. „Schwaden". Je stärker der Trocknungsverlauf ist und je mehr Feuchtigkeit zu erwarten ist – evtl. auch Regen! – desto größer müssen die Schwadreihen sein.

Nach Trocknung der Mähfläche am nächsten Vormittag wird alles wieder auf der Fläche verteilt. Dabei sollte man insbesondere an den Rändern und Ekken der Mähfläche mit der Gabel nachwenden, denn oft kleben hier noch Gräser am Boden, die mit der Maschine schlecht zu erreichen sind. Die einzelnen Arbeitsschritte wiederholen sich nun. Also, nachmittags nochmals wenden und am frühen Abend (noch bei Sonneneinstrahlung) schwaden usw.

Bei sehr günstiger Witterung mit hohen täglichen Verdunstungsraten kann u. U. bereits am 3. Tag spätnachmittags der Trocknungsprozeß nahezu abgeschlossen sein. Voraussetzung dafür ist neben optimaler Witterung, daß auch Masse und Zustand des ursprünglichen

Tabelle 22: Kriterien für die Heubeurteilung

Gutes Heu	Geringwertiges, unbrauchbares Heu
• sieht grünlich aus	• ist bleich bis braun (geringer Karotingehalt; altes mehrjähriges Heu)
• riecht aromatisch, angenehm frisch	• riecht muffig, brandig oder faulig (geringer Nährstoffgehalt, Schimmelpilzbefall)
• ist trocken (bei abgelagertem Heu nach 10-12 Wochen)	• ist klamm oder feucht-warm (Trocknung nicht abgeschlossen oder Regenfeuchte)
• fühlt sich weich oder leicht rauh an	• fühlt sich holzig oder sperrig an (geringe Verdaulichkeit, Anteil von Stengelpflanzen, wie Ampfer oder Brennnesseln, groß)
• ist nach probeweisem Aufschütteln sauber oder sehr gering mit Staub belastet	• weist hohen Schmutzanteil auf (Staub, Steine, Milben)
• setzt sich nicht nur aus langem Gras, sondern auch aus kurzen Gräsern sowie Kräutern (Blattanteile) zusammen	• enthält nur Gräser (Raygras; geringer Blattanteil; Ca-, Na- und Mg-arm, P- und eiweißreich)
• enthält nur vereinzelt Stengel oder unerwünschte Pflanzen, aber keine Giftpflanzen	• enthält Giftpflanzen (scharfer Hahnenfuß, Sumpfschachtelhalm, Zypressenwolfsmilch, Herbstzeitlose, Adlerfarn, Adonisröschen)

Mähgutes optimal sind. Dies ist dann der Fall, wenn das gemähte Futter nicht zu hoch wuchs, keine intensive Düngung vorgenommen wurde und die blättrigen Anteile nicht zu hoch sind.

Ob das Heu einfahrgerecht ist, sollte der Anfänger keinesfalls alleine beurteilen. Jemand mit Erfahrung ist zu Rate zu ziehen. Wenn das Heu stark raschelt und vor allem auch die dicken Stengelanteile trocken sind, ihre Farbe hell ist, wird die Trocknung gut fortgeschritten sein. Auch die „Wringprobe", bei der man einen Büschel auszuwringen versucht, zeigt den Trocknungszustand. Tritt noch Saft aus den Stengeln, wird der Wassergehalt noch bei 30% liegen. Wird das Heu zu früh eingefahren bzw. mit Feuchtigkeit in Hochdruckballen gepreßt, findet eine Erwärmung bei der Einlagerung statt, die über das normale Maß hinausgeht. Sie führt zunächst zu einer „Karamelisierung" des Futters, also einer leichten Bräunung und nicht negativen geschmacklichen Veränderung, im weiteren Stadium aber u. a. zu Schwelbrandprozessen, die gefährlich werden können und letztlich das Futter total verderben.

Eingefahrenes Heu darf keinesfalls frisch verfüttert werden, denn es durchläuft während der Lagerung noch einen abschließenden Trocknungsprozeß, der erst nach 10-12 Wochen abgeschlossen ist und mit Gewichtsverminderung einhergeht.

Die üblichen Hochdruckpreßballen haben ein Gewicht von ca. 14-20 kg; man rechnet 5-6 Ballen je Doppelzentner (dz = 100 kg). Welche Menge Heu von der jeweils vorhandenen Mähfläche geerntet werden kann, hängt von soviel unterschiedlichen Faktoren ab, daß eine pauschale Aussage nur sehr zurückhaltend gemacht werden kann. Vom Verfasser wurden langjährig im Mittel beim 1. Schnitt ca. 800 g Heu je Quadratmeter geerntet, das sind 20 Doppelzentner je Morgen Weideland. Die Weideflächen befanden sich auf ackerfähigen Lehmböden normaler Feuchte und wurden verhältnismäßig schwach gedüngt mit erdigem Kompost (ca. 10 dz je Morgen), Algomin (ca. jährlich 50 kg je Morgen im Frühjahr), Thomasphosphat (50 kg je Morgen), Kalimagnesia (25 kg je Morgen) und gelegentlich koppelweise Kalkstickstoff. Auf sandigen Böden oder in Trockenzeiten ohne künstliche Beregnungsmöglichkeit wird man erheblich weniger ernten; bei starker Düngung mit Kalkammonsalpeter (enthält rd. 26% Reinstickstoff) sind demgegenüber weitaus höhere Erträge zu erzielen, wenn der Kalkzustand in Ordnung ist und die Versorgung mit den Grundnährstoffen ebenfalls stimmt. Vor einer stickstoffgetriebenen reinen Grasweide ist indes zu warnen, da Pferde keine Mastochsen sind! Der normale Pferdehalter verfügt nicht über die notwendigen Erntemaschinen, weshalb er sich rechtzeitig mit einem Landwirt oder sog. landwirtschaftlichen Lohnunternehmer in Verbindung setzen sollte, um zumindest das Heupressen gegen Entgelt erledigen zu lassen. Pro Preßballen entstehen dafür Kosten in Höhe von rd. 1,20 DM; je Morgen etwa 100–150 DM.

Da die Anschaffung und Unterhaltung aller Maschinen im Normalfall völlig unwirtschaftlich ist, sollte dennoch überlegt werden, einen Einachsholder mit Kombinationsanbaugeräten anzuschaffen. So können die täglich erforderlichen Arbeiten (Wenden usw.) ohne fremde Hilfe erledigt werden. Da für jede funktionsfähige Offenstallhaltung ein Balkenmäher mit Antrieb oder Kreiselmäher obligatorisch sein sollte, können damit auch kleinere Flächen selbst gemäht werden (man benötigt mit einem angetriebenen Balkenmäher von 1,20 m Breite im Flachland je Morgen etwa 3 Stunden Mähzeit).

Die Versorgung des Pferdes im Winter

Sieht man von Ausnahmen ab, in denen sehr große Flächen oder Ödländereien zur Verfügung stehen, wird im Normalfall gegen Ende Oktober die Weidezeit eingeschränkt und im November beendet. Je nach den örtlichen Verhältnissen und Wachstumsbedingungen muß deshalb bereits im Herbst zugefüttert werden. Ab November werden die Pferde dann bis zum Beginn der Weidesaison im folgenden Mai im Offenstall mit angrenzendem Auslauf gehalten.

Der Winter mit seinen Witterungsunbilden, Schneefall und Frost, bedingt bei der Offenstallhaltung einen erhöhten Versorgungs-, Kontroll- und Haltungsaufwand. Futteraufbereitung und -zuteilung, Wasserversorgung sowie Einstreupflege und -erneuerung gehören zu den täglichen Pflichten. Gegenüber der reinen Stallhaltung ist die Winterhaltung im Offenstall für den Pferdehalter zeitlich aufwendiger und wesentlich weniger komfortabel, sie bietet aber für das Pferd optimale Haltungsbedingungen mit naturgemäßen Klimareizen, Anteilnahme am Umweltgeschehen, Körperkontakt zu Artgenossen und freie Bewegung und damit auch im Winter die Gewähr für Gesundheit und Ausgeglichenheit. Nervöse Aufladungen sowie der Zwang, seine Pferde täglich bewegen zu müssen, entfallen bei der Haltung im Offenstall mit angrenzendem Auslauf.

Wer im Sommer qualitativ gutes Rauhfutter geerntet oder gekauft hat und über eine ausreichend belüftete, trockene Lagermöglichkeit verfügt, muß trotzdem vor der Verfütterung das

● Heu aufschütteln, und zwar außerhalb des Offenstalles, um die zwangsläufig bei der Ernte miteingebrachten Staubanteile maximal zu verringern. In Preßballen gelegentlich vorhandene Schimmelpilznester sind großräumig zu entfernen. Meist kann es erforderlich sein, den ganzen Ballen, wenn er beim Aufschütteln weißlich „qualmt", auf den Kompost zu tun. Eine Verfütterung könnte andernfalls der Grundstein sein für eine irreversible Stauballergie der so versorgten Pferde. Spätere Behandlungskosten zur Eindämmung von Hustenanfällen, der Aufwand für Spezialfutter usw. übersteigen unermeßlich die Einsparung!

Heu aus großen Rundballen bietet nur selten eine Qualität, wie sie in der Pferdefütterung gefordert werden muß. Unbrauchbar sind solche Rundballen, die aus einer Lagerung im Freien stammen, weil sie bis in die inneren Schichten hinein stockig, brandig, faulig und milbenverseucht sind. Fütterungstechnisch zwar arbeitssparend, aber aus den vorgenannten Gründen dringend zu vermeiden ist es, ganze Rundballen in einen Auslauf oder Laufstall zu legen, damit sich die Pferde selbst versorgen können. Zur Selbstversorgung bedarf es in der naßkalten Jahreszeit einer Raufe, die bei Aufstellung im Freien überdacht sein muß und nur aufgeschüttetes Rauhfutter enthalten darf.

● Gras- oder Maissilage muß täglich frisch dem Silo entnommen und hygienisch einwandfrei aus Eimern, Trögen oder auf einem bodennahen Futtertisch verfüttert werden. Die Unart, größere Mengen Silage zur Selbstversorgung in einen Auslauf zu kippen, wie es hier und da in bäuerlichen Betrieben leider zu beobachten ist, ist zu beanstanden und fütterungstechnisch abzulehnen.

• Kraftfutter muß im Winter insbesondere in Abhängigkeit von den Witterungsbedingungen individuell zugeteilt werden, wobei zusätzlich die sonstigen Kriterien, nämlich Leistungsanforderung, Wachstum oder Trächtigkeit sowie Rasse und Größe der gehaltenen Pferde eine Rolle spielen. Als einfache Faustregel gilt, daß bei niedrigen Außentemperaturen die Kraftfuttermenge zu erhöhen ist, um so mehr, je hochblütiger und feinfelliger die gehaltene Rasse ist. Auch die Zusammensetzung der Gesamttagesration muß individuell und rassenabhängig gestaltet werden. Bei Außentemperaturen um 0 °C können beispielsweise als Erhaltungsfutter für ein ausgewachsenes Fjordpony ca. 7 kg Futter erforderlich sein, davon 6 kg Heu und 1 kg Hafer. Dies ergibt eine prozentuale Zusammensetzung des Futters von 85% Rauhfutter und 15% Kraftfutter. Der Erhaltungsbedarf für einen ebenso gehaltenen Warmblüter könnte ca. 14 kg Gesamtfutterration pro Tag betragen, aufgeteilt in 8 kg Heu und 6 kg Hafer, was einer Zusammensetzung des Futters von ungefähr 60% Rauhfutter und 40% Kraftfutter entspricht. Es gilt also, ernährungsphysiologische Unterschiede zu beachten, um gesundheitsschädigende Fütterungsfehler zu vermeiden.

Es bedarf hier eigener Beobachtungen, und mit etwas Fingerspitzengefühl wird man herausfinden, wann man richtig liegt. In räumlich engen Haltungen mit lebhaftem Pferdebestand müssen die Pferde zur Kraftfutteraufnahme unbedingt angebunden werden, um Futterneid und daraus resultierende allgemeine Unruhe und u. U. gefährliche Rangeleien auszuschließen. Dazu gehört auch, daß die Vorbereitung zur Kraftfutterzuteilung nicht erst vor der Fütterung stattfindet, sondern möglichst bereits während der vortägigen Kraftfutterfütterung die Rationen für den folgenden Tag bereitgestellt werden. Nur so kommt man zu einer zügigen Fütterung und vermeidet auch Futterneidrangeleien sowie unnötiges Scharren u. ä.

• Wasser wird zweckmäßigerweise auch im Offenstall aus beheizbaren Selbsttränken angeboten; diese sind regelmäßig auf Funktionsstörungen zu untersuchen. Der Wasserbedarf ist im Winter sehr unterschiedlich. Bei Ausfall der Wasserversorgung durch Frost und Defekte oder bei grundsätzlicher Eimertränke in Weideschutzhütten unter winterlichen Bedingungen sind als Mindestbedarf wenigstens anläßlich der Abendfütterung je Pferd ca. 4% des Körpergewichts an Wasser bereitzustellen. Dieser Mindesttagesbedarf gilt für den Erhaltungsstoffwechsel, also bezogen auf ein nicht arbeitendes Pferd, bei einer Umgebungstemperatur um 0 °C und den oben beispielhaft genannten Tagesfutterrationen. Für einen Warmblüter bedeutet dies eine Wassermenge von rd. 3 Eimern mindestens, nach Möglichkeit aufgeteilt in Morgen- und Abendtränke.

• Salzlecksteine sind auch im Winter innerhalb des Offenstalles oder an anderen nässegeschützten Stellen bereitzustellen.

• Einstreupflege und Kotaufsammeln sind in der Winterzeit tägliche Pflicht. Mit einer engzinkigen Kartoffelgabel, deren Zinken plattgeschmiedet wurden, ist dies kein Problem. Bei Stroheinstreu achte man auf die Qualität. Fauliges, muffiges Stroh leistet allein dem Kompost gute Dienste – und zwar auf dem direkten Wege, ohne Umweg über die Einstreu!

Bei gut drainiertem Offenstallboden kann auch mit entstaubten Sägespänen eingestreut werden. Dies ist insgesamt teurer als Stroheinstreu, erfordert ziemlich penible Sauberhaltung, hat aber den Vorteil der geringeren Lagerraumkapazitätsvorhaltung. Sägespäne, meist abgepackt in 140 l-Säcken, holt man bedarfsgerecht jeweils bei landwirtschaftlichen Warengenossenschaften.

● Auch die Gesundheitsvorsorge darf im Winter nicht zu kurz kommen. Durch die Fütterung im Stall hat man die Möglichkeit, besonders gut zu beobachten, welche Pferde aufgrund von Zahnhaken schlecht kauen, also Futterklümpchen herausfallen lassen. Der Tierarzt sorgt hier für Abhilfe, damit eine störungsfreie Nahrungszerkleinerung, die für die Einspeichelung und Verdauung besonders wichtig ist, wieder schmerzfrei möglich wird.

Durch den verstärkten Aufenthalt der Pferde während der Winterzeit im Offenstall sowie im Auslauf steigt auch das Wurminfektionsrisiko. Zusätzlich zur peinlichen Sauberhaltung ist immer auch in der Mitte der Wintersaison eine Wurmkur angezeigt.

Typisch für Offenstallpferde ist, daß sie im Winter haltungsbedingt (Winterfell) weit weniger geritten oder angespannt werden als in der wärmeren Jahreszeit. Diese Ruhepause entspricht auch dem Rhythmus der Natur. Trotzdem darf die

● Hufpflege nicht vernachlässigt werden. Zweckmäßig ist, wenn die Hufeisen abgenommen werden und der Huf nach ordnungsgemäßer Raspelung (ohne das absolut überflüssige Ausschneiden der Hufsohle!) bis zum Neubeschlag regenerieren kann. Das Abnehmen der Hufeisen hat zudem den Vorteil, daß die Pferde bei winterlichen Rangeleien kaum ernsthafte Verletzungen davontragen und ebenfalls bei Glatteis oder Schnee wesentlich trittsicherer sind.

Nachwort

Dieses Buch ist aus dem Bedürfnis heraus geschrieben worden, maximale Forderungen aus der Sicht des Pferdes vorzubringen. Soweit dies möglich und vernünftig erschien, hat der Verfasser sich bemüht, die wesentlichen Komponenten naturgemäßer Pferdehaltung aller gängigen Rassen durch eigene Haltungspraxis, durch Inaugenscheinnahme vieler Haltungen im In- und Ausland sowie durch das Studium etlicher Primärquellen bewerten zu können.

Festzustellen ist, daß überall dort, wo menschliche Profitgier und übertriebenes Geltungsbedürfnis sowie verirrte „sportliche" Gesichtspunkte Motiv einer Pferdehaltung sind, der tierschutzrechtlich verankerte Anspruch auf „artgemäße Haltung" meist ungestraft und öffentlich toleriert auf der Strecke bleibt.

Die optimale Pferdehaltung ist nicht gängige Praxis. Der positive Trend zu pferdegemäßen, vertretbaren Kompromissen beginnt aber glücklicherweise im Kopf vieler Pferdebesitzer. Dadurch ist eine Basis gegeben, die es zu verbreitern gilt; dies ist Absicht und Wunsch von Verfasser und Verlag!

Anhang

Untersuchungsanstalten für Bodenproben

Pflanzenschutzamt Berlin
Altkircher Str. 1
1000 Berlin 33

Institut für angewandte Botanik
Marseiller Str. 7
2000 Hamburg 36

Landwirtschaftliche Untersuchungs- und Forschungsanstalt
Gutenbergstr. 75–77
2300 Kiel

Landwirtschaftliches Untersuchungsamt und Forschungsanstalt
Mars-la-Tour-Str. 4
2900 Oldenburg

Landwirtschaftliche Untersuchungs- und Forschungsanstalt
Finkenbornerweg 1 A
3250 Hameln

Landwirtschaftliche Untersuchungs- und Forschungsanstalt
Hochstr. 18
3300 Braunschweig

Landwirtschaftliches Untersuchungsamt und Versuchsanstalt
Am Versuchsfeld 11
3500 Kassel

Biologisches Institut
Dr. Fritz Balzer
Oberer Ellenberg 5
3551 Amönau

Labor für Bodenmikrobiologie
Dr. Grün-Wollny
Burggarten 9
3554 Kirchvers

Landwirtschaftliche Untersuchungs- und Forschungsanstalt
Nevhinghoff 40
4400 Münster i. W.

Landwirtschaftliche Untersuchungs- und Forschungsanstalt
Weberstr. 59–61
5300 Bonn

Landes-Lehr- und Versuchsanstalt für Weinbau, Gartenbau und Landwirtschaft, Institut für Bodenkunde
Egbertstr. 18–19
5500 Trier

Landwirtschaftliches Untersuchungsamt und Versuchsanstalt
Rheinstr. 91
6100 Darmstadt

Institut für biologisch-dynamische Forschung
Brandschneise 5
6100 Darmstadt

Hessische Lehr- und Versuchsanstalt für Wein-, Obst- und Gartenbau
Beinstr. 15
6222 Geisenheim

Institut für Mikrobiologie und Bodenchemie GmbH
Kornmarkt 34
6348 Herborn

Landesanstalt für landwirtschaftliche Chemie der Universität Hohenheim
Emil-Wolff-Str. 14
7000 Stuttgart 70

Staatliche landwirtschaftliche Untersuchungs- und Forschungsanstalt Augustenberg
Neßlerstr. 23
7500 Karlsruhe 41

Bayerische Hauptversuchsanstalt für Landwirtschaft der Technischen Universität München
8050 Freising-Weihenstephan

Bayerische Landesanstalt für Bodenkultur und Pflanzenbau
Vöttingerstr. 38
8050 Freising

Boden und Pflanze GmbH
Mooseurach 6
8197 Königsdorf

Giftpflanzen

Diese Liste enthält die wichtigsten Giftpflanzen ohne Anspruch auf Vollständigkeit. Bei manchen Pflanzen reicht bereits die Aufnahme kleinster Mengen, um bei Tieren – aber auch bei Menschen – tödliche Erkrankungen hervorzurufen. Das gilt besonders für Eiben und Goldregen (die tödliche Dosis liegt bei 50 g – das ist ein kleiner Zweig!). Andere Giftpflanzen können bereits bei Berührung, insbesondere durch ihren Saft, zu Gesundheitsstörungen führen (z. B. Wolfsmilchgewächse).

Adlerfarn
Adonisröschen
Akazie
Bärenklau (Wolfsmilch)*⁾
Besenginster
Bilsenkraut
Buchsbaum
Buschwindröschen
Christrose
Eibe
Einbeere
Eisenhut
Farnkraut
Fingerhut
Geißblatt
Goldregen
Hahnenfuß
Herbstzeitlose
Holunder
Kirschlorbeer
Kreuzkraut
Lebensbaum
Liguster
Lupine
Maiglöckchen
Mohn
Nachtschatten
Oleander
Pfaffenhütchen
Rhododendron
Robinie
Tabak
Tollkirsche
Seidelbast
Schierling
Schneeball
Schneeglöckchen
Schöllkraut
Stechapfel
Sumpfschachtelhalm
Vogelkirsche
Wicke

*⁾ Bärenklau, auch „Herkulesstaude" genannt, ist ein Doldenblütler (ähnlich dem Kerbel oder Schierling), der bis zu 3 m hoch wachsen kann. Ursprünglich aus dem Kaukasus als Zierpflanze eingeführt, hat sich der Bärenklau inzwischen in Europa außerordentlich stark verbreitet. Gelegentlich wird diese Pflanze in der Literatur als „Futterpflanze" bezeichnet. Das Gegenteil ist der Fall, denn beim Fressen kommt es zu lebensgefährlichen Schleimhautreizungen. Diese Pflanzen sind tiefgründig auszugraben und zu verbrennen, wobei Schutzhandschuhe zu tragen sind, denn der Saft führt bei Berührung mit der Haut und UV-Einstrahlung (Sonne) zu Verbrennungen mit Narbenbildung!

Tabelle 23: Muster für ein Stall- und Weidebuch

1992 Monat	Pferde		Weide (Koppel-Nr.)						
	Stute „Sandra"	Wallach „Prinz"	1	2	3	4	5	6	7
Januar	Beschlag 10. 1.	- dto. -							
Februar		Biotin tgl. 1 Tab.							
März	Tetanus-Impfung 2. 3.	- " - Tetanusi. 2. 3.	Kompostdüngung Koppeln 1–10 am 5. 3.						
April	Beschlag 1. 4. Wurmkur Banminth	- dto. - Biotin - dto. -	Beweidung 10.–17.	18.–25.	26.– 1. 5.				
Mai			10.–17.	18.–26.	27.– 3. 6.	2.–9.	Heu 31. 5.–4. 6. 288 Ballen/ca. 45 dz		
Juni			12.–19.			4.–11.	20.–22.	23.–25.	26.–30.
Juli									
August									
Sept.									
Oktober									
Nov.									
Dezemb.									

			Stall/Aus-lauf	Futter/Einstreu	Kompost				Div.
8	9	10			A	B	C	D	
				Einkauf 10 Ballen Sägespäne					
			Regen-rinne erneuert	100 kg Pellets/ 10. 3.		ver-wendet 5. 3.	– dto.	NEU ab 5. 3.	
			10 m³ Sand						Ölwechsel Balken-mäher
			Oberer E-Draht erneuert						
	Düngung 6.				1/2 ver-wendet 6. 6.				

Literaturverzeichnis

AICHELE, D. UND SCHWEGLER, H.-W.: Unsere Gräser, Franckh-Kosmos-Verlag, Stuttgart 1991

BENDER, I.: Untersuchung der Fütterungspraxis, Freizeit im Sattel (10), Bonn 1976

BENDER, I.: Ponyrassen – Geschichte, Zucht, Ausbildung, Franckh-Kosmos-Verlag, Stuttgart 1980

BENDER, I.: Absatzfohlen – Haltung und Fütterung, Freizeit im Sattel (12), Bonn 1983

BENDER, I.: Zur Praxis der Weidebewirtschaftung, Freizeit im Sattel (4), Bonn 1984

BENDER, I.: Freizeitpferde aus deutschen Landen – lohnenswerte Zucht? Versuch einer Kosten- und Marktanalyse, Freizeit im Sattel (5), Bonn 1985

BENDER, I.: Beobachtungen an einer extensiv gehaltenen Ponyherde – Ein Beitrag zur Ethologie des Hauspferdes, AGF-Magazin (2), Sonsbeck 1986

BENDER, I.: Handbuch Robustpferde, Franckh-Kosmos-Verlag, Stuttgart 1991

BLENDINGER, W.: Psychologie und Verhaltensweisen des Pferdes, Verlag E. Hofmann, Heidenheim 1974

BORCHERT, A.: Lehrbuch der Parasitologie für Tierärzte, Hirzel-Verlag, Leipzig 1962

BRUNS, U.: Zeitschrift Pony-Post/Freizeit im Sattel, Bonn 1958 ff.

BRÜNNER, F. UND SCHÖLLHORN, J.: Bewirtschaftung von Wiesen und Weiden, Verlag Eugen Ulmer, Stuttgart 1972

DEUTSCHE LANDWIRTSCHAFTSGESELLSCHAFT: DLG-Futterwerttabelle für Pferde, DLG-Verlag, Frankfurt a. M. 1984

EBHARDT, H.: Ponies und Pferde im Röntgenbild nebst einigen stammesgeschichtlichen Bemerkungen dazu, Säugetierkundliche Mitteilungen, Heft 4, München 1962

FINK, G. W.: Arbeitswirtschaftliche Untersuchungen an einigen ausgewählten Verfahren der Pferdehaltung, Diplomarbeit am Institut für Landtechnik Weihenstephan der TU München, 1975

FINK, G. W.: Der ideale Boden für Reitplatz, Paddock und Reithalle, Pony-Magazin (5), Stuttgart 1977

FINK, G. W.: Eigenleistungssysteme für die Ponyhaltung, Pony-Magazin (2), Stuttgart 1979

FLADE, J. UND GLESS, K.: Kleinpferde, VEB Deutscher Landwirtschaftsverlag, Berlin 1976

GESELLSCHAFT FÜR ERNÄHRUNGSPHYSIOLOGIE DER HAUSTIERE (GEH): Empfehlungen zur Energie- und Nährstoffversorgung der Pferde, DLG-Verlag, Frankfurt a. M. 1982

GRONE, J. V.: Die Pferdeweide, Albert Müller Verlag AG, Rüschlikon 1977

HARING, F., GRUHN, R., BRÜNE, C. UND DEDIE, K.: Schafzucht, Verlag Eugen Ulmer, Stuttgart 1975

KLAPP, E.: Wiesen und Weiden, Verlag Paul Parey, Berlin 1956

KOEPF, H. H., PETTERSSON, B. D. UND SCHAUMANN, W.: Biologische Landwirtschaft, Verlag Eugen Ulmer, Stuttgart 1974

KOLTER, L.: Soziale Beziehungen zwischen Pferden und deren Auswirkungen auf die Aktivität bei Gruppenhaltung, Dissertation, Köln 1984

KÖNEKAMP, A.: Der Grünlandbetrieb, Verlag Eugen Ulmer, Stuttgart 1959

KREUTER, M.-L.: Der Bio Garten, BLV Verlagsgesellschaft mbH, München 1990

LÖWE, H., MEYER, H., BRUNS, E., GLODEK, P. UND ZELLER, R.: Pferdezucht und Pferdefütterung, Verlag Eugen Ulmer, Stuttgart 1979

MARTEN, J. UND SALEWSKI, A.: Handbuch der modernen Pferdehaltung, Franckh-Kosmos-Verlag, Stuttgart 1991

MEYER, H.: Pferdefütterung, Verlag Paul Parey, Hamburg 1986

MÜLLER, R., ROTHER, H.-J. UND WEINREICH, W.: Die neue Generation der Hütetechnik mit Elektrozaun, horizont gerätewerk gmbh, Korbach 1981

PIOTROWSKI, J. UND VIEDT, W.: Mehrraum-Pferdeauslaufhaltung, Pony-Magazin (8), Stuttgart 1986

PIRKELMANN, H., SCHÄFER, M. UND SCHULZ, H.: Pferdeställe und Pferdehaltung, Verlag Eugen Ulmer, Stuttgart 1976

REHM, G.: Auswirkungen verschiedener

Haltungsverfahren auf die Bewegungsaktivität und die soziale Aktivität bei Hauspferden, FN-Verlag, Warendorf 1981
SCHÄFER, M.: Das Pferd – mein Hobby, Nymphenburger Verlagshandlung, München 1970
SCHÄFER, M.: Die Sprache des Pferdes, Nymphenburger Verlagshandlung, München 1974
SCHEUNERT, A. UND TRAUTMANN, A.: Lehrbuch der Veterinär-Physiologie, Verlag Paul Parey, Berlin–Hamburg 1957
SCHIELE, E.: Haltung des Reit- und Zuchtpferdes, BLV-Verlagsgesellschaft, München 1976
SCHMIDT, H.: Die Wiese als Ökosystem, Aulis Verlag Deubner & Co. KG, Köln 1981
SCHNITZER, U.: Untersuchungen zur Planung von Reitanlagen, Dissertation, Karlsruhe 1969
SCHÖN, D.: Praktische Pferdezucht, Verlag Eugen Ulmer, Stuttgart 1983
SCHRENK, H.-J.: Pferde verstehen – Pferdeverhalten und richtiger Umgang mit Pferden, Franckh-Kosmos-Verlag, Stuttgart 1991
SCHULZ, H.: Starrahmenbauweise und ähnliche Selbstbaumöglichkeiten, Broschüre Nr. 388 des AID, Bonn-Bad Godesberg 1975
SCHULZ, H.: Probleme des Düngemitteleinsatzes, Pony-Magazin (2), Stuttgart 1987
SEIFERT, A.: Gärtnern, Ackern – ohne Gift, Biederstein-Verlag, München 1974
THÖRNER, I.: Naturnahe Haltung von Vollblutarabern, Persönliche Mitteilungen, Melle 1991
UPPENBORN, W.: Pferdezucht und Pferdehaltung, Verlag Bintz-Dohany, Offenbach a. M. 1977
UPPENBORN, W.: Persönliche Mitteilungen, Krefeld 1983
VOLF, J.: The social behaviour of the wild horse, Journal of Przewalski Horses, Rotterdam 1979
WILKE, E.: Schafe aktuell in Landwirtschaft und Landschaftspflege – Daten und Fakten zur Schafhaltung, Vereinigung Deutscher Landesschafzuchtverbände e. V./Deutsche Wollverwertung GmbH, Bonn/Neu-Ulm 1980
WITTKE, G.: Physiologie der Haustiere, Verlag Paul Parey, Berlin und Hamburg 1972
WITTKE, G.: Persönliche Mitteilungen, Berlin 1976
WRANGEL, C. G.: Das Buch vom Pferde, Verlag von Schickhardt & Ebner, Stuttgart 1888
WRIEDT, C.: Biologische Essays über Pferdezucht und Pferderassen, Verlagsbuchhandlung Paul Parey, Berlin 1929
ZEEB, K.: Das Verhalten des Pferdes bei der Auseinandersetzung mit dem Menschen, Dissertation, München 1958
ZEEB, K.: Verhaltensforschung beim Pferd, Tierärztliche Umschau (10), Konstanz 1959
ZEUNER, F. E.: Geschichte der Haustiere, BLV Bayerischer Landwirtschaftsverlag, München 1967

Register

A

Aalstrich 13 f.
Anpassungsvermögen 22
Aufstehen 32
Auslauf 93
Außenbereich 62
Außenwandverkleidung 67

B

Bauantrag 65
Bauausführung 67 ff.
Baukosten 65 f.
Baumaterial 65 ff.
Baurecht 61 f.
Bauvorbescheid 61
Beinstreifung 13
Bewegungsarbeit 7
Bewegungsbedürfnis 8 f.
Bewegungsmangel 8
Bewegungstrieb 20
Boden 110 f.
Bodenanalyse 130
Bodenbearbeitung 118 f.
Bodenreaktion 132
Bodenschluß 118
Bodentrocknung 136
Bodenwiderstand 104
Boxengrundfläche 56
Boxenhaltung 9

C

Corralzäune 98

D

Dacheindeckung 72
Degenerationserscheinungen 17
Dösen 32
Drainage 96
Düngung 129 ff.

E

Eigenbewegungsdrang 20
Eingewöhnung 42
Einstreu 44 f.
Einzelaufzucht 27
Elektroinstallation 75 ff.
Elektrozaungeräte 105 f.
Elektrozauntechnik 104 ff.
Erhaltungsfutter 141
Erkundungsbedürfnis 8 f.
Eternit-Wellplatten 68
Exmoorpony 13

F

Fellwechsel 22
Fertigstall 58
Flächenbedarf 56
Fleischschafrassen 50
Fluchttrieb 20
Freßbereich 44
Freßecken 78/79
Freßgitter 44
Freßtrieb 19
Freßzeiten 19
Frühdomestikation 11 f.
Fundamente 68
Futteraufnahmeverhalten 28 f.
Futterkonservierung 134 ff.
Futterneid 42
Futterumstellung 41 f.
Fütterungsfehler 29
Fütterungsübergänge 41
Futtervolumen 40

G

Gärfutterbereitung 134
Gefangenschaftsbeobachtungen 18
Geilstellen 48, 120
Genehmigungspflicht 64
Gesellschaftspferd 56
Gesundheitsvorsorge 142
Giftpflanzen 116, 146
Grasungsaktivität 20
Grasungsverhalten 48
Größenbedarf 56 f.
Gründlandpflege 121 ff.
Grünlandumbruch 118
Gummigurte 101

H

Haarwechsel 38
Haltungsmängel 8
Haltungsumstellung 41 f.
Haltungsvoraussetzungen 36 ff.
Herdenmentalität 24, 27
Herdentrieb 24
Heubeurteilung 138 f.
Hinlegen 32
Hitze-Kälte-Toleranz 22
Hufpflege 142
Humusdünger 124

I

Indexklausel 60
Individualabstand 57

K

Kalkdünger 132
Kantholzkonstruktionen 66 f.
Kartoffelgabel 47
Knotengitterdraht 54
Kolbenweidepumpe 123
Kombinationshaltung 48 ff.
Kompostbereitung 124
Kompostmenge 128
Kompostmiete 128
Koppelunterteilung 54

Körperwiderstand 104
Kreiseln 26
Kulturweide 118
Künstliche Trocknung 135
Kunststoffvliese 97

L

Lagerraumbedarf 77
Laufspiele 27
Lauftier 15
Lebensraum 28 f.
Lehmböden 110
Leistungsanforderungen 36
Leitfunktion 25

M

Matratzenstreu 47 f.
Mehlmaul 13
Merinorassen 50
Mistplatte 127
Moorböden 111

N

Nachweiden 48
Naturweide 118 f.
Netzgerät 106 ff.
Nordpferdetyp 34 f.
Nutzungsansprüche 40

O

Offenstallgrundfläche 57
Offenstalltypen 43 ff.
Onduline-Wellplatten 68

P

Pachtdauer 60
Pachtvertrag 60 f.
Paddock 93
Pflanzenbestand 111 f.

Pfostenabstand 100
Pfostendurchmesser 100
Przewalskipferd 11, 14

R

Rangordnung 26 f.
Raumbedürfnis 19
Raumprogramm 56 f.
Reutertrocknung 135
Rivalenkämpfe 25
Rohfasergehalt 41
Rotte 126 f.
Rundholzkonstruktionen 66 f.

S

Saatzusammensetzung 111
Sägespäne 46
Sandböden 110
Sattelkammer 58
Schafrassen 50 f.
Schlafbereich 44
Schlafdauer 31
Schulterkreuz 13
Selbsttränkebecken 122
Silierung 134
Skelettfunktionstypen 32 f.
Sozialverhalten 26
Spanplatten 67
Standweide 119
Stehmähne 15
Steppenpferd 11, 15
Stroh 46
Stützbalken 72
Südpferdetyp 34

T

Thermoregulation 7 f.
Tiefschlafphase 32
Tonböden 111
Torverschlüsse 103
Tragschicht 96
Tränkestellen 123

Tränkwasser 122 ff.
Traufenhöhe 81
Tretschicht 96
Trockenbatteriegeräte 106 f.
Trockengrün 135
Trocknung 134 f.
Trocknung, künstliche 135
Trocknungsverfahren 135
Tundrenpony 11, 13

U

Überspannungsschutzeinrichtung 108
Unterdachtrocknung 135
Untersuchungsanstalten 146 f.
Urpony 11 f.

V

Verdunstungskälte 22
Verhaltensweisen 18 ff.
Vermessung 71
Verwahrhaltung 8

W

Wasserabführung 96
Wasserinstallation 75
Wasserversorgung 122
Wechselstreu 47
Weide 110
Weideführung 119 f.
Windkraftpumpen 123
Winterhaltung 140
Wüstenpferd 11, 16

Z

Zaunbau 98
Zaunhöhe 100
Zaunspannung 105
Zaunsysteme 98
Zugluft 39

Expertenrat für Reiter und Pferde-Liebhaber

Ingolf Bender
■ **Handbuch Robustpferde**
Alles über Rassen, Stallbau, den Umgang und die Haltung von Robustpferden.
172 Seiten, 78 Abbildungen
ISBN 3-440-06169-8

Petra und Wolfgang Hölzel
■ **Das eigene Pferd**
Wichtige Informationen und Ratschläge für (angehende) Pferdebesitzer.
139 Seiten, 123 Abbildungen
ISBN 3-440-06168-X

Anke Schwörer
■ **Das Islandpferd**
Alles Wissenswerte über diese beliebte Pferderasse.
94 Seiten, 65 Abbildungen
ISBN 3-440-05808-0

A. Schwörer-Haag/Th. Haag
■ **Gaedingar**
Völlig neuartige Reitlehre für Reiter und Ausbilder von Islandpferden.
119 Seiten, 82 Abbildungen
ISBN 3-440-06312-7

Franckh-Kosmos · Stuttgart